Pedro Pablo Magaña Herrera

Evolução do sistema de construção de paredes de tendões

Pedro Pablo Magaña Herrera

Evolução do sistema de construção de paredes de tendões

de Cardellach para Thomas

ScienciaScripts

Imprint
Any brand names and product names mentioned in this book are subject to trademark, brand or patent protection and are trademarks or registered trademarks of their respective holders. The use of brand names, product names, common names, trade names, product descriptions etc. even without a particular marking in this work is in no way to be construed to mean that such names may be regarded as unrestricted in respect of trademark and brand protection legislation and could thus be used by anyone.

Cover image: www.ingimage.com

This book is a translation from the original published under ISBN 978-620-0-01106-0.

Publisher:
Sciencia Scripts
is a trademark of
Dodo Books Indian Ocean Ltd. and OmniScriptum S.R.L publishing group

120 High Road, East Finchley, London, N2 9ED, United Kingdom
Str. Armeneasca 28/1, office 1, Chisinau MD-2012, Republic of Moldova, Europe
Managing Directors: Ieva Konstantinova, Victoria Ursu
info@omniscriptum.com

Printed at: see last page
ISBN: 978-620-8-52480-7

EVOLUÇÃO DO SISTEMA DE CONSTRUÇÃO DE PAREDES DE TENDÕES, DE CARDELLACH A THOMAS

PEDRO PABLO MAGAÑA HERRERA

2024

ÍNDICE DE CONTEÚDOS

RESUMO

Esta investigação integra a relação existente entre a tecnologia de construção e o meio ambiente, a ser utilizada na construção de habitações com recurso ao sistema de paredes tendinosas não estruturais, onde se apresenta esta nova tecnologia de construção não tradicional, uma vez que integra materiais de origem regional e de baixo impacto ecológico, com o objetivo de alcançar a sustentabilidade construtiva a nível ambiental, económico e social. Este sistema construtivo tem como principal objetivo cumprir os requisitos de segurança e resistência estrutural, tornando-se assim uma ferramenta básica que deve garantir uma qualidade de vida digna a todos os seus ocupantes, respondendo às necessidades primárias não satisfeitas das famílias que se encontram vulneráveis do ponto de vista económico, que é ter um teto que lhes dê abrigo e possam desenvolver as suas actividades socioculturais. Teoricamente, o princípio filosófico de Cardellach incorpora o termo sistemas tendinosos em estruturas como formas de construção que têm a sua origem na arquitetura zoológica dos vertebrados, onde estas formas estruturais e de construção se encontram num nível superior de sensibilidade mecânica e inspiração natural. Na década de 1990, Thomas integrou design, tecnologia e cultura numa alternativa de construção não convencional denominada paredes de tendões. A tipologia deste sistema construtivo consiste no fabrico in situ de painéis modulares rectangulares planos, reforçados no interior com uma malha de arame farpado que serve de tendões integrados, revestidos em ambas as faces com uma mistura de argamassa, para formar uma moldura estrutural rígida, composta por um dos seguintes tipos de materiais: madeira serrada, por bambu ou guadua angustifolia (Colômbia), por cantoneira metálica ou por estrutura de betão; constituindo assim um elemento estrutural monolítico que se comportará como uma parede confinada, que dará consistência e acabamento à parede.

Palavras chave: técnicas de construção não convencionais, ambiente sustentável, parede de tendões, alvenaria não reforçada.

INTRODUÇÃO

A indústria da construção civil atravessa atualmente um grande momento, não só utilizando os seus métodos construtivos tradicionais, mas dentro do seu ciclo evolutivo está a implementar novos sistemas ecológicos amigos do ambiente. O modelo investigado consiste num novo sistema construtivo, composto por paredes leves tendinosas de uso não estrutural, e enquadra-se no domínio da Engenharia de Materiais e Técnicas de Construção, sendo abordado do ponto de vista ambiental na área da reciclagem de materiais para a construção, sendo necessário procurar alternativas e principalmente matérias-primas não tradicionais, com o objetivo de propor soluções tecnológicas que optimizem a utilização destes recursos disponíveis, o que resulta no bem-estar da comunidade, do ponto de vista económico, e na melhoria do ambiente.

O capítulo I faz um resumo histórico dos antecedentes construtivos realizados pelo homem, desde os primórdios das construções palafíticas, seguindo depois com a alvenaria na utilização da pedra, da terra e do adobe como material construtivo para os seus abrigos contra os fenómenos da natureza.

As civilizações mesopotâmicas promoveram e desenvolveram as suas construções com base na alvenaria, principalmente em adobe e mais tarde em tijolo, com a civilização romana surgiu a inovação do sistema de construção em alvenaria, utilizando o betão romano, composto principalmente por cal, água e cinzas vulcânicas ou pozolana, conferindo resistência e durabilidade ao longo do tempo, deixando construções que perduram até aos dias de hoje. No século XIX, foi inventado o cimento em Inglaterra, composto por uma massa de calcário argiloso e carvão, que eram cozinhados a altas temperaturas, dando como produto uma mistura chamada clínquer, originária de Portland, que ao ser misturada com areia, pedra britada e água, recebeu o nome de betão. Mais tarde, em meados do mesmo século, foi inventado o betão armado, constituído por barras de aço e mistura de betão, esta técnica de construção ainda hoje prevalece. Além disso, é feita uma retrospetiva dos materiais de construção orgânicos, inorgânicos e compósitos.

O capítulo II apresenta uma panorâmica dos materiais de construção sustentáveis, começando pelo seu ciclo de vida, as perspectivas da economia circular no domínio da construção e os problemas ambientais dos materiais de construção.

No Capítulo III, é efectuada uma breve revisão histórica do princípio das estruturas tendinosas, começando pelo criador deste princípio, o Eng. Félix Cardellach, analisando este novo objeto como um sistema de construção não convencional e os seus componentes.

No Capítulo IV, é apresentada, a título informativo, a contextualização das diferentes análises e pontos de vista de vários investigadores interessados neste novo tema construtivo. Por fim, são apresentadas a discussão e as conclusões do sistema construtivo das paredes de tendões.

Seguindo estes caminhos ambientalistas, esta investigação é realizada com o objetivo de contribuir e apresentar ao conhecimento, um novo sistema de construção, tendo em conta nesta perspetiva, a aplicação de novas tecnologias limpas no domínio da construção de habitações de todos os tipos e principalmente de interesse social (VIS).

CAPÍTULO I.

ANTECEDENTES CONSTRUTIVOS

1.1.- Panorama histórico. De acordo com a cronologia histórica, a família zoológica Hominidae, que inclui o género humano, é uma das famílias da ordem Primates, um dos dezassete agrupamentos superiores geralmente reconhecidos entre os mamíferos placentários existentes (Howell, 1982, p. 21-22). Há cerca de dez milhões de anos, estes hominídeos, no seu processo evolutivo, eram herbívoros e nómadas que percorriam diariamente grandes distâncias em busca de alimentos vegetais. Devido ao clima predominante, procuravam refúgio e segurança nas copas das árvores, no sopé das montanhas e dos penhascos; se o clima era muito frio, procuravam cavidades naturais chamadas cavernas, onde encontravam abrigo e refúgio da chuva e dos ventos dominantes (Comas, 1977, p. 58). Para se abrigar das intempéries, da chuva e principalmente dos animais selvagens, o homem das cavernas iniciou sua fase de construção, quando ergueu as primeiras paredes de pedra na entrada das cavernas (Perdrizet, 1987, p. 24), este método de construção é chamado de alvenaria, do latim manus-positus (colocar com a mão).

Acompanhando o processo evolutivo, biológico e cultural do ser humano, nossos ancestrais pré-históricos elaboraram ferramentas de pedra como armas, para serem utilizadas na caça e pesca de animais, acrescentando proteínas à sua dieta alimentar, esse período histórico é denominado Paleolítico. Com as mudanças climáticas da última glaciação, há cerca de doze mil anos a.C., na região que se estende da Palestina, passando pela Síria até a Mesopotâmia, chamada de crescente fértil, provocaram mudanças geográficas, sociais e culturais que permitiram o início de novas atividades como a agricultura, cultivando plantas, e a pecuária, domesticando animais para seu próprio benefício. A transformação de alguns grupos de caçadores, pescadores e recolectores em agricultores, e de nómadas em sedentários, constituiu uma revolução decisiva na história da humanidade, (De Roux, 1990, p. 26-27). Este novo modo de vida influenciou drasticamente as relações sociais, dando origem à vida em comunidade, formando pequenas aldeias constituídas por habitações lacustres ou palafitas nalguns casos. Comas afirma que os palafitas correspondem a períodos muito avançados da pré-história, a começar pelo Neolítico, uma vez que a sua construção implica sedentarismo (1977, p. 60).

Estes palafitas eram cabanas construídas com estacas de madeira e cipós de árvores, erguidas a uma certa distância da margem de um rio, lago ou mar. O método de construção consistia em cravar as estacas, varas ou postes no fundo da água a uma certa distância, com comprimentos entre três e seis metros. Posteriormente, a parte intermédia dos postes era unida a travessas horizontais, formando uma latada, sobre a qual se construía uma espécie de plataforma ou pavimento a uma certa altura acima do nível da água para evitar inundações. Esta espécie de latada de madeira era feita lateralmente até atingir as cabeças dos postes, formando as paredes, e o teto era feito com os ramos das árvores ou palmeiras (Comas, 1977, p.183), Figura 1.1.

Figura n.º 1.1
Construção de palafitas

Fonte:
https://es.wikipedia.org/wiki/Sitios_palaf%C3%ADticos_prehist%C3%B3ricos_de_los_Alpes

Nas regiões geográficas áridas, onde a madeira é escassa, mas as canas são abundantes, as cabanas eram construídas com elementos altos e fortes, bem amarrados entre si e utilizados como paralelos que constituíam a estrutura principal, incorporando mais canas para fazer a estrutura das paredes que Os telhados eram depois totalmente cobertos com terra ou lama húmida, e utilizava-se exatamente a mesma técnica de construção para as coberturas. Os telhados que não resistiam às tempestades de inverno foram substituídos por telhados de duas águas e, deste modo, cobrindo os telhados inclinados com lama, permitiam o escoamento da água da chuva (Vitruvii, 1997, p. 54).Para se proteger das intempéries, da chuva e, sobretudo, dos animais selvagens, o homem das cavernas iniciou a sua fase de construção ao erguer as primeiras paredes de pedra à entrada das grutas (Perdrizet, 1987, p. 24), este método de construção é designado por alvenaria, do latim manus-positus (colocar à mão). Há cerca de 8000 anos a. C., em algumas zonas ou áreas onde a agricultura estava muito desenvolvida, deu-se uma revolução urbana sem precedentes, marcando o início de um novo marco ou de uma nova fase na história da humanidade, gerando sociedades muito mais complexas do que as conhecidas historicamente, foram as primeiras civilizações, cuja etimologia provém das palavras latinas civitas (cidade), civue (cidadão), que no seu conjunto se traduzem por sociedade urbanizada. A construção também sofreu uma evolução, as paredes eram construídas com um conjunto de peças geométricas denominadas adobes, este novo material de construção é composto por uma massa de barro ou argila ou limo, areia e água, misturada com fragmentos picados de erva seca ou palha (caules secos de plantas herbáceas) utilizados como reforço da mistura, As peças de adobe eram moldadas geometricamente com ripas de madeira e depois deixadas a cozer ou a secar ao ar livre, dando início ao processo de construção. Estas peças de adobe eram depois coladas com uma espécie de argamassa composta pelos mesmos materiais usados para fazer os adobes, mas com mais palha adicionada à mistura.2.Vitruvii, (1997), afirma que: "Não devem ser feitos nem de areia nem de terra pedregosa ou arenosa grossa, porque se forem feitos destes solos são pesados e quando são colocados nas paredes, decompõem-se por efeito da chuva e desfazem-se, e as palhas não se ligam bem devido à sua aspereza", (p. 58). Este conhecimento permitiu manipular os materiais edáficos para modificar as suas propriedades através da adição de uma série de materiais de origem litológica e orgânica, controlando e estabilizando assim diferentes propriedades inerentes ao próprio material (Gama et al., 2012).

Figura n.º 1.2

Construção em tijolo de barro, Niswa (Omã)

Fonte: https://stock.adobe.com/es/images/edificaciones-antiguas-en-adobe-nizwa-oman/284465081

A grande desvantagem das construções de adobe era a sua baixa resistência ao ataque da água, para evitar este problema, o adobe começou a ser cozido a altas temperaturas e foi transformado em tijolo, Torroja, (2010) afirma que sendo: "o primeiro material criado pelo domínio da inteligência humana sobre os quatro elementos: terra, ar, água e fogo, esse material tão dócil e humano em que a lama depois de laboriosa amassadura, hábil moldagem e paciente secagem se transformava em pedra ao calor de um fogo". Uma das principais caraterísticas construtivas do tijolo é a sua dureza e resistência, por isso na sua elaboração dispensaram a palha que era um complemento necessário para secar os adobes, iniciando o processo construtivo estas peças de tijolo eram coladas com argamassa, do latim caementum, uma espécie de argamassa composta por cal apagada, areia e água, utilizando as mesmas técnicas construtivas do adobe, conseguindo aperfeiçoar as suas casas cimentadas, construíram paredes de tijolo. Com o uso de pedras ou tijolos, com vários tipos de madeiras construíram seus telhados e os cobriram com telhas, (Vitruvii, 1997). Com este novo material e aprimorando suas técnicas construtivas, o homem desenvolveu inúmeros projetos em alvenaria como casas para moradias, templos para seus cultos religiosos, palácios para seus governantes e muralhas como estruturas defensivas para proteger suas cidades dos inimigos, portanto tornou-se um material essencial para este novo mundo civilizado, sendo um dos materiais mais antigos do mundo da construção inventado pelo homem que ainda prevalece até os dias de hoje.

Figura n.º 1.3

Complexo religioso em tijolo, Igreja de São Francisco, Cali

Fonte:
https://es.wikipedia.org/wiki/Complejo_religioso_de_San_Francisco_%28Cali%29

Com o passar dos séculos, o homem continuou a construir grandes edifícios utilizando materiais de pedra ou de barro, como a alvenaria, dando-lhes estabilidade com a mistura de argamassa, misturas estas originalmente desenvolvidas e provenientes da sua localização geográfica. Um exemplo deste tipo de construções são as suas prodigiosas construções de templos religiosos, (Figura 1.3), palácios e as suas famosas construções funerárias que ainda sobrevivem como as pirâmides egípcias que datam de cerca de 2.570 anos a.C., onde eram utilizadas pastas como argamassa. A partir do século XVI, os construtores gregos utilizavam pastas obtidas a partir de misturas de gesso e calcário dissolvidos em água para unir solidamente os silhares de pedra (Vidaud, 2013). Os construtores gregos de 500 a.C. utilizavam uma argamassa feita de calcário, areia e água, conferindo bons níveis de resistência aos seus edifícios monumentais. Mas foram os romanos, no século II a.C., que inventaram uma nova argamassa denominada cimento pozolânico, composta por calcário calcinado, areia fina de origem vulcânica, utilizada na construção do Coliseu Romano (Figura 1.4), e do Teatro de Pompeia. Vidaud (2013), acrescenta que: "a pozolana contém sílica e alumina, que quando combinadas com a cal resultam no cimento pozolânico; um material que tem demonstrado ter um ótimo desempenho, tanto em termos de resistência como de durabilidade" (p. 21).

Figura n.º 1.4

Construção do Coliseu Romano com betão pozolânico

Fonte: https://es.wikipedia.org/wiki/Coliseo

Em Puzol, um município situado nas encostas do Vesúvio, existe uma espécie de pó que contém verdadeiras maravilhas de forma natural, misturado com cal e pedra bruta ou pedaços de tijolo, oferece uma grande solidez aos edifícios e construções que são feitos debaixo do mar, uma vez que se consolida debaixo de água (Vitruvii, 1997). Com a queda do Império Romano, a sua utilização diminuiu drasticamente e a maior parte dos conhecimentos de construção desapareceram quase por completo. Durante muito tempo, as argilas que continham cal foram consideradas impróprias para o fabrico de cales e argamassas. No século XVIII, em Inglaterra, verificou-se que algumas cales feitas com calcário e argila produziam argamassas mais resistentes do que as feitas com cal pura e com uma propriedade extremamente importante: endureciam na presença de água, o que não acontecia com as argamassas tradicionais utilizadas até então (Arredondo, 1969). Em 1845, Isaac Johnson melhorou o processo anteriormente patenteado por Aspdin & Parker, obtendo um produto denominado Clinker e chamou-lhe Cimento Portland, devido à semelhança de cor de algumas rochas calcárias das pedreiras daquela ilha. O novo cimento Portland é um material sintético (rocha artificial) que endurece por meio de uma reação química com a água, produto da calcinação controlada a altas temperaturas de materiais argilosos e calcários, pois (Keyser, 1982), "os materiais argilosos fornecem sílica (SiO_2) e os calcários calcinados silicatos de cálcio (CaSiO3), por isso é chamado de cimento hidráulico", (p. 298). A invenção do betão armado é atribuída ao construtor William Boutland Wilkinson, que em 1854 solicitou a patente de um sistema de construção em betão que incluía armaduras de ferro, a técnica que utilizou consistia numa cofragem com rufos de gesso e lançamento de betão sobre barras de ferro, formando uma laje nervurada, (Valenzuela, 2015, p. 135), tornando-se o primeiro construtor a colocar armaduras de ferro nas nervuras da laje. 135), tornando-se o primeiro construtor a colocar armaduras de ferro inferiores à tração por flexão nas nervuras da laje, mais tarde construiu a primeira estrutura de betão armado, que consistia numa casa de dois pisos feita de uma mistura de betão com armaduras de ferro e arame em Newcastle, Figura 1.5.

Figura n.º 1.5
Construção de lajes nervuradas de betão armado

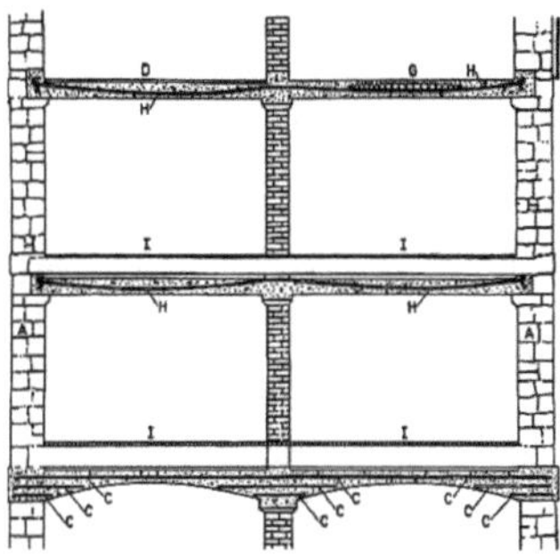

Fonte: Valenzuela, p.135

Françoise Hennebique em 1892 deu um importante contributo ao utilizar barras de secção cilíndrica, que podiam ser dobradas em forma de estribos e utilizadas como ancoragens (Lamuz e Andrade, 2015, p. 29). O sistema estrutural utilizado consistia na utilização de um esqueleto autoportante de pilares, vigas, adicionados com barras de ferro com estribos que permitiam o apoio na posição correta, e todo o conjunto era moldado com uma mistura dosada de betão, Figura 1.6.

Figura n.º 1.6
Construção de pilares e lajes nervuradas em betão armado

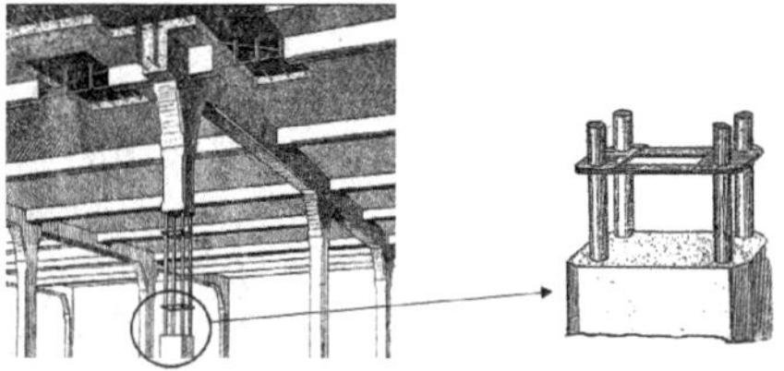

Fonte: Valenzuela, p.137

Todo esse acúmulo de novos conhecimentos passou a ser aplicado seguindo uma regra ou metodologia, o modelo teórico ou desenho, testes desse modelo, testes físicos, presença de erros, ajustes eram feitos para melhorar o modelo e os mesmos passos eram seguidos novamente, isso é chamado de revolução científica da teoria para a tecnologia, deixando um grande legado, onde a ciência teórica que era ciosamente guardada por alguns poucos está lentamente desaparecendo dando lugar à ciência aplicada, uma fusão de técnica e ciência prática.

1.2.- Materiais de construção históricos e actuais. Os materiais de construção são os elementos mais importantes em qualquer forma construtiva ou estrutural, é a base primária ou a sua essência, estes podem ser divididos em vários grupos de acordo com a sua composição e natureza, Figura 1.7.

Figura n.º 1.7

Grupos de materiais de construção

1.2.1.- Materiais orgânicos. São os produzidos pela natureza de carácter vegetal, compostos principalmente por madeira com todos os seus derivados e guadua.

- **A madeira.** É um excelente material de construção que o homem utiliza desde a antiguidade, é um recurso renovável e sustentável que pode ser utilizado tal como se encontra na natureza, sem efetuar qualquer alteração, quer física quer química. É o material de construção mais antigo, "uma das caraterísticas da madeira que a diferencia de outros materiais estruturais é o facto de ser o único material vivo utilizado" (Hernández, 2013, p. 39). Este material é composto por células alongadas e ocas, cujos eixos correm paralelamente ao comprimento da árvore, semelhantes a um conjunto de tubos de paredes finas ligados entre si e cujas células se aglomeram por meio de uma resina natural denominada lenhina, (Keyser, 1982, p. 385). As árvores de madeira desenvolvem-se em áreas de floresta de coníferas situadas nas zonas frias e temperadas do hemisfério norte e, em menor grau, no sul. Estas florestas são compostas principalmente por espécies homogéneas de coníferas, como pinheiros, abetos e ciprestes. Nas zonas tropicais, encontram-se florestas de folha larga, compostas por uma grande variedade de espécies de madeira, como a nogueira, a sumaúma, o mogno, o chanul, o cedro, etc. É um dos materiais de construção mais saudáveis que existem, pois actua como regulador natural do ambiente interior, é um material vivo que respira e ajuda a manter um ambiente saudável. ventilação, estabiliza a humidade, filtra e purifica o ar, (Ghoreishi, 2011, p. 29). Devido às suas boas propriedades físicas e mecânicas, a madeira é muito utilizada no campo da construção civil, seja como estrutura principal para habitações, no campo da ornamentação para a construção de mobiliário, portas, janelas, gradeamentos, revestimentos de paredes e pavimentos, é também muito utilizada estruturalmente em edifícios de betão para o fabrico de placas de cofragem para vigas, lajes, pilares, paredes armadas. Outro tipo de madeira muito utilizado é a madeira laminada colada, que é utilizada para estruturas de telhado e vigas estruturais para cobrir grandes vãos. A utilização da madeira como material de

construção tem as seguintes caraterísticas, Figura n.º 1.8.
Vantagens: (i) Produto de origem natural e renovável

ii) Fácil de trabalhar e de modelar, muito versátil na utilização.

iii) Isolamento térmico

iv) Duradouro quando são tomadas medidas de proteção adequadas

v) Boas propriedades físicas e mecânicas
Desvantagens: (i) Altamente sensível ao ambiente exposto às intempéries

ii) Altamente combustível

iii) Vulnerável a agentes externos

iv) Dimensionamento limitado no seu estado natural

v) Abate indiscriminado de certas espécies nas florestas

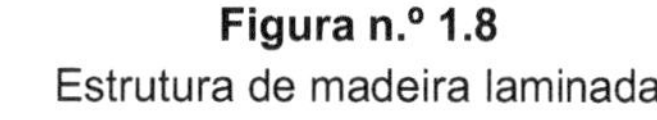

Figura n.º 1.8
Estrutura de madeira laminada

Fonte: Blog Maderera Andina, https://maderera-andina.com/maderera-andina-quieres-trabajar-con-madera- laminate-meets-some-projects/

- **Guadua.** A guadua é uma planta lenhosa pertencente à família dos bambus, que no mundo tem cerca de 1.250 espécies, das quais na Colômbia existe um grande número de espécies das quais se destaca a guadua angustifolia, classificada pelo sábio Humboldt com o nome científico de Bambusa guadua. Esta espécie particular cresce abundantemente em regiões muito férteis até 1.700 metros acima do nível do mar, formando grandes extensões de guadais, estas condições climáticas tornam-na ideal do ponto de vista económico para utilização em vários campos, é um recurso sustentável e renovável que se auto-multiplica vegetativamente, sendo um retentor de dióxido de carbono, (Hidalgo, 1978, p. 5- 6). Na indústria da construção civil é muito utilizada para tapumes, escoramentos, andaimes, cofragens, fôrmas, casetões; no meio rural é um material indispensável na construção de casas, Figura nº 1.9. A utilização do guadua como material de construção tem as seguintes caraterísticas:

Vantagens: i) Devido à sua geometria e ao seu interior oco, é um material leve.

ii) Os nós conferem-lhe rigidez e elasticidade.

iii) Muito versátil na construção de habitações

iv) Como tubo, é útil na condução de fluidos.

Desvantagens: (i) Altamente sensível ao ambiente exposto às intempéries

ii) Altamente combustível

iii) Vulnerável a agentes xilófagos se não for tratada

iv) Dimensionamento muito variado na sua geometria

Figura n.º 1.9
Guadual

Fonte: https://guaduabambucolombia.co/tag/tolima/

1.2.2.- Materiais inorgânicos. São os materiais que se encontram na litosfera e que são utilizados pelo homem desde a antiguidade, compostos maioritariamente por minerais, entre os quais se encontram a pedra, a terra, o adobe e o tijolo.

- **Pedras.** As rochas são um conjunto de agregados compostos por partículas minerais com diferentes dimensões e sem uma forma determinada, este material de construção encontra-se formando grandes massas denominadas jazidas, que são exploradas ao ar livre ou pedreiras, é o primeiro material utilizado pelo homem primitivo. Este material pode ser utilizado como elemento resistente quando é colocado no estaleiro no seu estado natural, como elemento decorativo quando é trabalhado previamente para lhe dar uma forma, dimensão ou acabamento específico, e como matéria-prima manufacturada quando se obtêm subprodutos que são posteriormente utilizados noutras actividades.

De acordo com a sua utilização construtiva, podem ser utilizados como fundações, paredes ciclópicas, paredes divisórias, pavimentos, acabamentos arquitectónicos e decorativos em fachadas e interiores de edifícios, em estradas e principalmente em pavimentos, em abóbadas e arcos, em aterros de barragens, entre outros, ou como matéria-prima para obtenção de outros materiais de construção. A sua utilização como material de construção tem as seguintes caraterísticas, Figura n.º 1.10.

Vantagens: i) Muito durável

ii) Isolamento acústico e térmico

iii) Resistente aos agentes atmosféricos

iv) Propriedades físicas e mecânicas

Desvantagens: - i) Problemas no transporte de pedras de grandes dimensões

ii) Dimensionamento muito variado na sua geometria

iii) Tempo de execução mais longo

iv) Elevada necessidade de mão de obra

v) Materiais com elevada capacidade de absorção

Figura n.º 1.10

Construção em pedra

Fonte: http://castellonenarchivos.blogspot.com/p/construcciones-de-piedra-en-seco.html

• **A terra.** Encontra-se em todos os locais do globo, é um dos materiais mais antigos utilizados pelo homem há milhares de anos atrás, a sua utilização na construção de casas e paredes era muito utilizada, não eram necessários grandes conhecimentos uma vez que era utilizada a técnica da terra pisada. As casas mais primitivas eram construídas no passado com este material, atualmente mais de um terço da população mundial vive em casas de terra, nos locais onde é tradicional este tipo de construção mantém-se, mas em alguns países desenvolvidos, este material continua a ser utilizado nas construções rurais, (Ghoreishi, 2011, p. 24). Este método de construção consistia em construir passo a passo uma parede sólida utilizando terra (lama) ou barro húmido misturado com areia e palha picada, que eram vertidos numa cofragem de madeira chamada tapial, para serem compactados in situ com compactadores manuais em camadas horizontais. Uma vez terminado este trabalho, a parede é deixada a secar e o tapial é levantado ou retirado até se atingir a altura desejada da parede, Figura n.º 1.11. A utilização da terra pisada como material de construção tem as seguintes caraterísticas

Vantagens: i) Bom isolamento térmico, acústico e resistente ao fogo.

ii) Fácil de obter e amigo do ambiente

iii) Altamente versátil em casas de construção própria

iv) É reciclável, os seus detritos podem ser reintegrados na natureza.

v) O solo é um material inerte, não poluente e não tóxico.

Desvantagens: i) Altamente sensível ao ambiente se exposto às intempéries.

ii) Construção limitada em altura

iii) Vulnerável à água

iv) Vulnerabilidade sísmica

v) Efetuar uma manutenção regular

Figura n.º 1.11

Habitação construída com paredes de taipa ou de barro

Fonte: https://construyediferente.com/tapial-tecnica-antigua-nueva/

- **Adobe.** É o primeiro material de construção criado pelo homem e ainda em uso, devido à sua fácil elaboração artesanal que o torna auto-construível, com técnicas artesanais tradicionais e ao seu baixo custo económico. O seu processo de fabrico é realizado com terra argilosa à qual se adiciona areia, água, palha picada e estrume de vaca ou estrume. Todos estes materiais são agitados para formar uma massa maleável que é colocada em moldes geométricos de madeira, dando origem aos adobes na terra, que depois são deixados a secar em locais cobertos. A sua utilização na construção é muito variada, podendo ser utilizado para construir paredes verticais isoladas ou entrelaçadas para formar habitações, sendo a união entre os blocos efectuada com o mesmo material de adobe. A utilização do adobe como material de construção tem as seguintes caraterísticas, Figura nº 1.12.

Vantagens: i) Bom isolamento térmico, acústico e resistente ao fogo.

ii) Muito versátil em casas de construção própria

iii) Os seus detritos podem ser reintegrados na natureza

Desvantagens: i) Altamente sensível ao ambiente se exposto às intempéries.

ii) Construção limitada em altura

iii) Efetuar uma manutenção regular

iv) Vulnerável à água

v) Vulnerabilidade sísmica

Figura n.º 1.12
Casa construída em adobe

Fonte: https://es.wikipedia.org/wiki/Adobe

- **O tijolo.** É a primeira construção fabricada pelo homem através de um processo de produção, acrescentando a cozedura aos antigos adobes, com este processo está a formar-se a primeira pedra artificial obtendo-se por este meio propriedades físicas e mecânicas como a durabilidade e a resistência, por estas importantes caraterísticas o tijolo foi gradualmente deslocando o adobe. A sua utilização na construção é muito variada, pode ser utilizado para construir paredes de alvenaria verticais, isoladas ou entrelaçadas, para formar casas altas, a união entre os blocos é feita com uma argamassa de cal e areia. A utilização do tijolo como material de construção tem as seguintes caraterísticas, Figura nº 1.13.

Vantagens: i) Bom isolamento térmico, acústico e resistente ao fogo.

ii) Não necessita de manutenção regular

iii) Muito versátil na construção de habitações

iv) Os seus escombros podem ser reutilizados

Desvantagens: (i) Produção intensiva em energia

ii) Variabilidade de tamanho e força

iii) Vulnerável ao ambiente que afecta a durabilidade

iv) Vulnerabilidade sísmica

Figura n.º 1.13

Casa construída em tijolo

Fuente: https://ar.pinterest.com/pin/877709414870763298/

1.2.3.- Materiais compósitos. São materiais que não se encontram na natureza e são formados pela união de várias matérias-primas, que são transformadas através de processos industriais para obter outros materiais que não se encontram na natureza, e são utilizados pelo homem em actividades de construção; estes materiais incluem a cal, o betão, o ferro e seus derivados, e o vidro.

- **Cal.** A cal é o produto residual do processo de calcinação, a cerca de 1 000 °C, de rochas calcárias denominadas cal viva (óxido de cálcio), que é posteriormente apagado com água para obter um material hidratado sob a forma de pasta ou de pó (hidróxido de cálcio). Na Antiguidade, foram os gregos os primeiros a utilizar a cal como material de construção, em revestimentos ou estuques para paredes de alvenaria, quer de adobe quer de tijolo. Mais tarde foi utilizada na preparação de argamassas, destinadas a unir uma série de elementos de alvenaria de pedra, tijolo, para constituir uma unidade de construção com caraterísticas próprias, (Arredondo, 1989, p. 7-8).

As argamassas de cal são responsáveis pela estabilidade das grandes construções da Grécia antiga, de Roma e das construções medievais, mas foram substituídas com a invenção do cimento. A sua utilização na construção é muito variada, as paredes verticais de alvenaria podem ser construídas isoladamente ou entrelaçadas para formar habitações de grande altura, a união entre os blocos é feita com uma argamassa de cal e areia, no reboco exterior de paredes de alvenaria, principalmente no restauro de monumentos e construções arquitectónicas antigas. A utilização da cal como material de construção tem as seguintes caraterísticas, Figura n.º 1.14.

Vantagens: i) Permite que os edifícios respirem.

ii) Reabsorve o dióxido de carbono emitido pela calcinação

iii) Temperatura de cozedura inferior à do betão

iv) É respirável, higroscópico e retardador de chama.

v) Velocidade de construção com outros elementos

vi) A humidade não permanece nas paredes

vii) É assético, bactericida e fungicida.

viii) Boa plasticidade e trabalhabilidade

ix) Devido à sua estabilidade volumétrica, não há retração.

x) Baixo risco de fissuração

Desvantagens: - i) Baixo módulo de elasticidade

ii) É fraco e decompõe-se mais rapidamente do que a alvenaria.

iii) A sua secagem é mais lenta do que a do cimento.

iv) A sua utilização estrutural é muito limitada

Figura n.º 1.14

Casa construída em alvenaria rebocada a cal.

Fonte:www.terram.cat/portfolio/arrebossat-de-terra-i-calc-sobre-mur-de-bales-de-palla-habitatge- https://unifamiliar-a-yelamos-de-arriba-guadalajara/?lang=en

• **O betão.** Durante muito tempo a pedra calcária foi considerada imprópria para a construção, nem para o fabrico de cales e argamassas, porque a cal continha argilas, mas no século XVIII, em Inglaterra, verificou-se que algumas cales feitas com estas cales com argila produziam argamassas mais resistentes do que as feitas com cales puras e com uma propriedade importantíssima: endureciam na presença de água, o que não acontecia com as argamassas tradicionais usadas até então (Arredondo, 1969, p. 7). Em 1845 Isaac Johnson melhorou o processo anteriormente patenteado por Aspdin & Parker obtendo um produto denominado Clinker e chamou-lhe Cimento Portland, devido à semelhança de cor de algumas rochas calcárias das pedreiras daquela ilha.

O novo cimento portland é um material sintético (rocha artificial) que endurece por meio de uma reação química com a água, resultante da calcinação controlada a altas temperaturas de materiais argilosos e calcários, que são depois misturados com água. Os materiais argilosos fornecem sílica (SiO2) e os calcários calcinados silicato de cálcio (CaSiO3), razão pela qual se chama cimento hidráulico, (Keyser, 1982, p. 298). William Boutland em 1854 construiu a primeira estrutura de betão armado, que consistia numa casa de dois pisos feita de uma mistura de betão com armaduras de ferro e arame, também Françoise Hennebique em 1892 deu um importante contributo ao utilizar barras de secção cilíndrica, que podiam ser dobradas e utilizadas como ancoragens (Lamuz, 2015, p. O betão obtido tem o comportamento de uma rocha artificial, assimilando grandes cargas de compressão, mas com uma limitação à tração, mas "é necessário compensar os esforços destrutivos colocando peças de um material resistente à tração. É o caso do ferro, há muito utilizado nas construções de alvenaria, (Pérez, 2012, p. 7). A união desses dois materiais de construção, denominada concreto armado, traz consigo inúmeras possibilidades de ordem construtiva e versatilidade de soluções estruturais, aproveitando ao máximo as caraterísticas físicas e mecânicas na união desses materiais, que trabalham em conjunto nas obras, sendo utilizado em grandes obras de construção e infraestrutura em todo o mundo.

Pérez conclui que "o betão armado permite dissociar os elementos construtivos, desaparece a parede portante, eliminam-se todos os elementos de apoio e permite-se a construção de mísulas e consolas, ampliando assim o catálogo de soluções estruturais", (2012, p. 10). A sua utilização na construção é muito variada, as estruturas dos edifícios podem ser construídas em betão armado, paredes verticais de alvenaria isoladas ou encravadas para formar habitações em altura, a união entre os blocos é feita com uma argamassa de cimento e areia. A utilização do betão como material de construção tem as seguintes caraterísticas, Figura nº 1.15.

i) É um material universalmente aceite.

ii) Fácil disponibilidade de materiais

iii) Adaptável a qualquer forma estrutural e arquitetónica

iv) Propriedades físicas e mecânicas

v) Resistente ao fogo

vi) Elevada durabilidade

vii)Requer muito pouca manutenção

viii) Boa plasticidade e trabalhabilidade para a construção

ix) Monolitismo e continuidade da estrutura

Desvantagens: i) Elevado volume de construção e custos elevados.

ii) O comportamento sísmico estrutural deve ser tido em conta.

iii) Fixação lenta e no local

iv) Os elementos não estruturais são mais sujeitos a cargas de gravidade.

v) Necessita de secções grandes e pesadas

vi) Contração durante o processo de presa e endurecimento

Figura n.º 1.15

Construção de um edifício de betão armado

Fonte: http://www.caminoymarchal.com/QuienesSomos.aspx

• **O ferro e os seus derivados.** A história do ferro está ligada ao desenvolvimento da humanidade pré-histórica, a sua utilização popularizou-se em algumas sociedades antigas do Médio Oriente, onde a tecnologia metalúrgica atingiu o seu auge por volta do século XII a.C., chamada pelos historiadores de Idade do Ferro, período caracterizado principalmente pelo fabrico de ferramentas agrícolas, armas de combate. É um material metálico, com propriedades magnéticas, maleável e de cor branca prateada; é um elemento químico de símbolo Fe, número atómico 26, situado no grupo 8 da Tabela Periódica dos elementos, é o quarto elemento mais abundante na Terra.

A produção de aços para betão armado é efectuada em siderurgias para a indústria da construção, que consiste na liga de ferro com outros elementos metálicos e não metálicos para obter determinadas propriedades físicas e mecânicas. O aço é considerado uma liga de ferro com um teor máximo de carbono (C) de 2% e com a adição de pequenas quantidades de silício (Si), manganês (Mn), fósforo (P) e enxofre (S). O aço é um dos materiais de construção mais versáteis disponíveis, produzindo vergalhões, secções estruturais em todas as formas, ângulos estruturais, tubos circulares, chapas planas laminadas a frio.

No domínio da construção, são utilizados em edifícios metálicos, em telhados, em fundações de estruturas, em infra-estruturas rodoviárias como pontes metálicas, os seus derivados em fachadas suspensas. A utilização do aço como material de construção tem as seguintes caraterísticas, Figura nº 1.16.

Vantagens: (i) Elevada resistência à tração

ii) Boas propriedades físicas e mecânicas

iii) Facilidade de união de vários elementos por soldadura, rebites, parafusos, cavilhas, etc.

iv) Os seus escombros podem ser reutilizados

v) Velocidade de construção com outros elementos

vi) Resistente à fadiga

Desvantagens: - i) Custos de manutenção

ii) Espalhador de calor

iii) Vulnerável a temperaturas elevadas

iv) Suscetibilidade de encurvadura se forem delgados

v) Vulnerável à corrosão

Figura n.º 1.16

Construção de uma ponte metálica

Fonte:

http://www.adurcal.com/enlaces/mancomunidad/guia/tablate/puenteautooator.htm

- **O vidro.** A história do vidro remonta a cerca de três mil anos a.C., no crescente

fértil, onde os fenícios e os egípcios eram os principais fabricantes e fornecedores deste material. Com a expansão do Império Romano, muitos artesãos foram levados para Roma para aprenderem as suas técnicas de fabrico e produção.
Este material é obtido através da mistura de matérias-primas de cal, areia, carbonato de sódio e da sua colocação no fogo a uma temperatura de 1500 °C, obtendo-se a estrutura amorfa de um material duro e transparente. Trata-se de um material sólido, duro, quebradiço e transparente, obtido por fusão a altas temperaturas de uma mistura de silicato de sódio (Na2SiO3), cálcio (Ca) e chumbo (Pb).
No campo da construção é amplamente utilizado como elemento decorativo e arquitetónico, é utilizado em todos os tipos de habitação, edifícios, telhados, estufas, os seus derivados, tais como vidro plano, vidro de segurança temperado, vidro, em fachadas suspensas, portas, janelas de todos os tipos, montras em centros comerciais, paredes divisórias. A utilização do vidro como material de construção tem as seguintes caraterísticas, Figura n.º 1.17.

Vantagens - i) Elevada transparência ou opacidade

ii) Boas propriedades físicas e mecânicas

iii) Isolamento térmico e acústico

iv) Os seus escombros podem ser reutilizados

v) Rapidez de instalação

vi) Resistente às intempéries

Desvantagens: - i) Frágil ao impacto

ii) Não toleram mudanças bruscas de temperatura.

iii) Vulnerável a temperaturas elevadas

iv) Manutenção periódica

v) Custo elevado

Figura n.º 1.17

Edifício com fachada de vidro flutuante

Fonte: https://vidsa.cr/fachadas-en-vidrio/

O quadro 1.1 apresenta um resumo das propriedades (vantagens e desvantagens) dos materiais de construção mais utilizados neste domínio.

Quadro n.º 1.1

Resumo das propriedades dos materiais de construção

TÉCNICA CONSTRUTIVO	VANTAGENS	DESVANTAGENS
MADEIRA	Produto de origem natural renovável, fácil de trabalhar e moldar, utilização muito versátil, isolante térmico, durável quando são tomadas medidas de proteção adequadas, boas propriedades físicas e mecânicas.	Muito sensível ao ambiente, exposto às intempéries, altamente combustível, vulnerável a agentes externos. agentes externos, tamanho limitado no seu estado natural, abate indiscriminado de certas espécies nas florestas.
GUADUA	Devido à sua geometria e interior oco é um material leve, os nós conferem-lhe rigidez e elasticidade, muito versátil na construção de casas, como tubo é útil na condução de fluidos.	Altamente sensível a , altamente combustível, vulnerável a agentes xilófagos se não for tratado, dimensionamento muito variada na sua geometria.
PÉTREOS	Muito durável, isolamento acústico e térmico, resistente aos agentes atmosféricos, boas propriedades físicas e mecânicas.	Problemas com o transporte de rochas de grandes dimensões, dimensionamento muito variado em termos de geometria, tempo de execução mais longo, necessidade de mão de obra considerável, materiais com elevada capacidade de absorção.
TERRA	Sem retração de secagem, construções com pouca madeira, bom isolamento térmico, resistente ao fogo, bom isolamento acústico, resistência ao fogo, homogeneidade da parede, acabamento económico, sem necessidade de reboco.	Altamente sensível ao ambiente quando às intempéries, construção de altura limitada, vulnerável à água, vulnerabilidade sísmica, efetuar manutenção regular

	Fácil de obter e amigo do ambiente, muito versátil em habitações autoconstruídas, reciclável, os seus detritos podem ser reintegrados na natureza, é um material inerte, não poluente e não tóxico.	
TÉCNICA CONSTRUTIVO	VANTAGENS	DESVANTAGENS
ADOBE	Bom isolante térmico, acústico e resistente ao fogo, muito versátil em habitações de construção própria, os seus escombros podem ser reintegrados no estaleiro. natureza, baixo consumo de energia.	Muito sensível ao ambiente, exposto às intempéries, limitado em altura, vulnerável à água, vulnerabilidade sísmica, efetuar uma manutenção regular.
BLOCO	Bom isolamento térmico, acústico e resistente ao fogo, não necessita de manutenção periódica, muito versátil na construção de habitações, os seus escombros podem ser reutilizados.	produção intensiva em energia, variabilidade em tamanho e resistência, vulnerabilidade ao ambiente que afecta a durabilidade, vulnerabilidade sísmica.
CAL	Permite que as construções respirem, reabsorve o carbono emitido pela calcinação, temperatura de cozedura inferior à do cimento, é respirável, higroscópico e ignífugo, construção rápida com outros elementos, a humidade não permanece nas paredes, é assético, bactericida e fungicida, boa plasticidade e trabalhabilidade, devido à sua estabilidade volumétrica não há retração, sob risco de rachaduras.	Baixo módulo de elasticidade, fraco e decompõe-se mais rapidamente do que a alvenaria, endurecimento mais lento do que o cimento, utilização estrutural muito limitada.

TÉCNICA CONSTRUTIVO	VANTAGENS	DESVANTAGENS
CONCRETO	É um material universalmente aceite, de fácil disponibilidade de materiais constituintes, adaptável a qualquer forma estrutural e arquitetónica, com boas propriedades físicas e mecânicas, resistente ao fogo, de elevada durabilidade, baixa manutenção, boa plasticidade e trabalhabilidade. Para a construção, monolítico e continuidade do estrutura.	Elevado volume de construção e custos elevados, o comportamento sísmico da estrutura deve ser tido em conta, a colocação em serviço e a colocação em funcionamento são lentas, os elementos não estruturais são mais sujeitos a cargas gravitacionais, são necessárias grandes secções com um peso elevado, as contracções durante o processo de colocação em serviço e de endurecimento, grandes quantidades de materiais não renováveis.
FERRO	Elevada resistência à tração, boas propriedades físicas e mecânicas, fácil de unir vários membros com soldadura, rebites, parafusos, os seus resíduos podem ser reutilizados, construção rápida com outros elementos, resistentes à fadiga.	custos de manutenção, vulnerabilidade a temperaturas elevadas, suscetibilidade à encurvadura se for delgado, vulnerabilidade à corrosão.
VIDRO	Elevada transparência ou opacidade, boas propriedades físicas e mecânicas, isolamento térmico e acústico, os seus detritos podem ser reutilizados, rápida instalação, resistência à corrosão e à corrosão. intemperismo.	Frágil ao impacto, não resiste a mudanças bruscas de temperatura, vulnerável a temperaturas elevadas, manutenção periódica, custo elevado.

CAPÍTULO II

CONSTRUÇÃO SUSTENTÁVEL

A Comissão Mundial das Nações Unidas para o Ambiente e o Desenvolvimento reuniu-se em 1987, onde vários países redigiram o famoso Relatório Brundtland, que resultou no termo globalmente cunhado Desenvolvimento Sustentável, que define a forma como a humanidade se deve comportar para satisfazer as necessidades do presente sem comprometer as oportunidades de as gerações futuras satisfazerem as suas próprias necessidades. O desenvolvimento sustentável não é um conceito eminentemente ecológico, mas interage de forma equilibrada na tríade dos domínios ecológico, social e económico. A construção sustentável é um novo modelo de construção, onde são tidos em conta os impactos ambientais relacionados com o processo de construção do projeto de construção, "as suas principais premissas são otimizar os recursos materiais de construção e regular ao máximo o consumo dessas matérias-primas", (Magaña, 2022, p. 76). A sustentabilidade não consiste em manter os recursos naturais intactos, mas implica uma utilização eficiente dos mesmos (Mata, 2009, p. 6). A construção sustentável apresenta diferentes alternativas para a utilização de materiais tradicionais, bem como técnicas ancestrais de construção com adobe, taipa, barro, pau a pique, madeira e guadua em várias construções rurais e camponesas. A construção sustentável baseia-se na escolha adequada dos materiais, nos processos de construção e na poupança de energia, e refere-se também ao ambiente urbano e ao seu desenvolvimento (Casas, 2011, p. 12). A construção sustentável registou avanços significativos nas últimas décadas, o que facilitou a sua utilização na construção de habitações mais económicas. Bedoya define-a como: "respeitosa e comprometida com o meio ambiente, faz um uso sustentável da energia, minimiza os seus impactos, reduz o consumo de energia, não desperdiça materiais, mas reutiliza e recicla...", (2011, p. 18),

A construção sustentável baseia-se nas seguintes premissas, (Casas, 2011, p. 15-18):

- Adaptável e amigo do ambiente
- Otimizar a utilização dos materiais de construção.
- Regular tanto quanto possível o consumo de matérias-primas.
- Poupança de energia e utilização de energias renováveis
- Utilização de tipologias de técnicas de construção adaptadas ao território.
- É estável, confortável, seguro, duradouro, funcional e seguro.
- Controlo da produção de resíduos de construção
- Correta integração com o meio ambiente, minimizando os impactos ambientais negativos que podem ser gerados durante a construção.

- Construção económica.

Cruz sublinha que a construção sustentável "reflecte sobre o impacto ambiental de todos os processos envolvidos numa habitação, desde a aquisição de materiais de fabrico que não produzam resíduos tóxicos ou muita energia, e técnicas de construção que produzam uma deterioração ambiental mínima", (2013, p. 3).

Identifica os aspectos básicos da construção sustentável, (2013, p.

- Proteção do ecossistema em que se insere
- Conservação dos recursos materiais e hídricos
- Sistemas energéticos que promovem a poupança de energia
- Materiais de construção e seu ciclo de vida
- Reciclagem e reutilização de resíduos
- Controlo adequado dos resíduos de construção
- Integração de fontes de energia alternativas
- Projectos eficientes para um consumo mínimo de energia

2.1.- Materiais de construção sustentáveis. Os materiais de construção sustentáveis que devem ser utilizados na construção de habitações sustentáveis são aqueles que têm um baixo impacto ambiental, são duráveis, requerem pouca manutenção e podem ser reciclados, reutilizados ou recuperados. Os critérios para a escolha destes materiais são os seguintes, (Ghoreishi; 2011, p. 12):

- Saúde, os materiais devem ser naturais e isentos de toxinas.
- Ecológicos, devem ser de origem local, com baixo impacto no momento da extração e do transporte.
- Éticos, que têm uma recuperação social na sua produção, promovendo actividades produtivas e comerciais.
- Sustentabilidade, que os materiais tenham um impacto ambiental reduzido e sejam sustentáveis no seu ciclo de vida.
- Reciclagem e reutilização, se corresponderem a estas caraterísticas.
- Emissões tóxicas, deve estar isento de emissões tóxicas.
- Critério energético, deve produzir o mínimo de energia na sua produção.

No domínio da construção, a seleção de materiais sustentáveis tornou-se um fator muito importante a considerar, principalmente devido ao seu fabrico e a outros factores inerentes, como a pegada ambiental, que têm um impacto no ambiente. Segue-se uma lista de materiais sustentáveis que têm um baixo impacto no ambiente:

- ❖ Madeira serrada recuperada e reciclada
- ❖ Aço reciclado

❖ Barro natural ou barro cozido
❖ Plástico e borracha reciclados
❖ Pedra natural
❖ Celulose
❖ Bambu
❖ Cimento termocrónico
❖ Betão auto-reparável
❖ Telhas sintéticas recicladas
❖ Materiais impressos em 3D

2.2.- Ciclo de vida dos materiais de construção. Todos os processos de produção de materiais de construção têm um ciclo de vida, que é uma ferramenta eficaz que fornece informações objectivas sobre os materiais e os processos de construção. A Avaliação do Ciclo de Vida (ACV) é uma metodologia utilizada para medir o impacto ambiental de um projeto ou produto ao longo da sua vida útil, estabelecendo a análise inicial para a redução das emissões de carbono de qualquer edifício ou processo de produção. Considera-se que o ciclo de vida (ACV) tem quatro fases, que estão listadas e configuradas na Figura n.º 2.1, (MADS, 2022, p. 36):

► Fase I, Fabrico, (Extração de matérias-primas, processo de fabrico)

► Fase II, Construção, (Distribuição e transporte de matérias-primas, colocação em funcionamento e construção)

► Fase III, Utilização e Manutenção, (Tempo de vida do edifício)

► Fase IV, Desconstrução, (, eliminação de resíduos, reutilização, recuperação, reciclagem)

Figura n.º 2.1

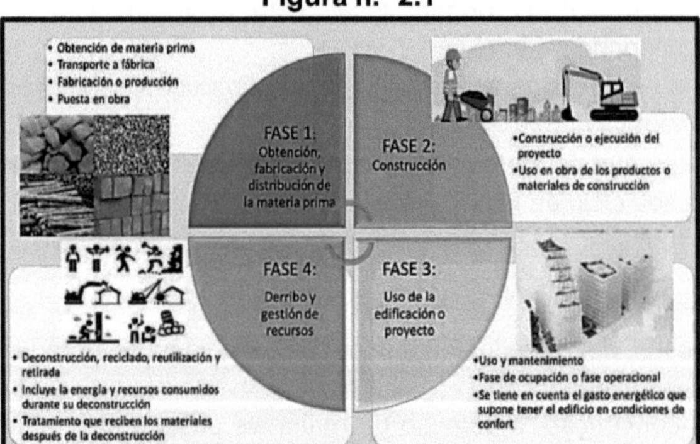

Ciclo de vida dos materiais de construção

Fonte:https://www.minambiente.gov.co/wp-content/uploads/2023/06/Guia-de-materiales-para-la-construccion- sustentável.pdf

2.3.- A Economia Circular no Setor da Construção. A Economia Circular (EC) é uma metodologia e modelo que representa uma mudança fundamental na produção e no consumo, tem os seguintes objectivos, Figura nº 2.2, (MADS, 2022, p. 15):

- Considera os impactos ambientais ao longo do ciclo de vida de um produto e é integrado desde a sua conceção.
- Reintroduzir no circuito económico os produtos que completaram o seu ciclo de vida.
- Reutilizar certos produtos que ainda podem funcionar na produção de novos produtos reciclados.
- Implementar um segundo ciclo para materiais deficientes e imperfeitos.
- Reciclar certos produtos que estão presentes nos resíduos de construção.

Figura n.º 2.2

Economia circular do sector da construção

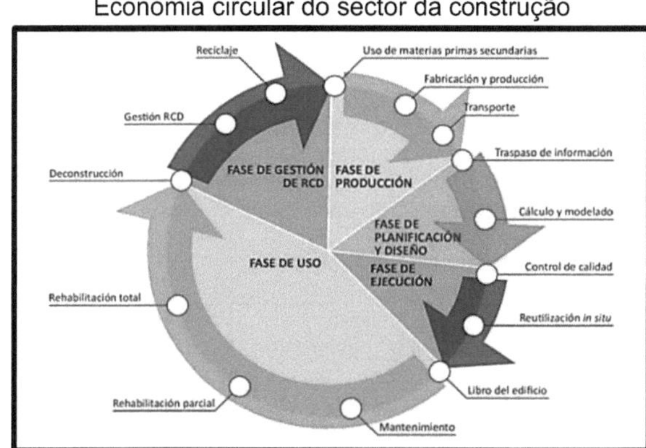

Fonte: https://www.minambiente.gov.co/wp-content/uploads/2023/06/Guia-de-materiales-para-la-construccion- sustentável.pdf

2.3.1.- Principais materiais de construção. Os materiais de construção provêm de matérias-primas ou de produtos transformados, são os componentes dos diferentes elementos de construção de uma estrutura ou de um produto. edifício. Existe uma grande variedade de materiais utilizados no sector da construção, que são principalmente utilizados em todos os tipos de projectos, tais como edifícios em geral e várias construções de infra-estruturas. Os materiais de construção mais utilizados são apresentados e classificados, tendo em conta a sua função no domínio da construção e as matérias-primas utilizadas no seu processo industrial, Tabela n.º 2.1, (MADS, 2022, p. 34-35):

Quadro n.º 2.1

Grupo de materiais utilizados na construção

MATERIAL	CAMPO DE CONSTRUÇÃO	MATERIAIS BRUTOS
Aço	Fios, estruturas metálicas de vigas, colunas, lajes, pavimentos, etc.	Materiais ferrosos, carvão, materiais químicos, sucata de ferro
Asfalto	Pavimentos de via	Agregados de pedra, emulsão asfáltica ou betume
Cimento	Betões em geral, argamassas para revestimento de paredes, paredes e pavimentos, azulejos	Rocha calcária, solo argiloso, minério de gesso, água
Cerâmica	Paredes de alvenaria, telhas, revestimentos de pavimentos, revestimentos de paredes	Argilas, areias, caulino, gesso, sílica, feldspato, talco, água
Chapas de gesso cartonado	Construção a seco, revestimento de paredes e tectos em interiores	gessos, folhas de cartão ou de papel, fibras de vidro
Folhas de Superboard	Construção a seco, revestimento de paredes e tectos tectos falsos interiores e exteriores	Cimento, fibras de celulose, quartzo, água
Betão	Estruturas de vigas, colunas, lajes, pavimentos, paredes, paredes, paredes	Cimento, agregados de pedra, água
Pintura	Revestimentos de superfícies de paredes, tectos, estruturas, etc. metálico	Cal, gesso, caulino, alumínio, dióxido de titânio, água, solventes minerais, resinas
Madeira	Habitações de um e dois andares, painéis de cofragem estrutural, utensílios gerais, mobiliário	Árvores naturais de diferentes variedades
Materiais em pedra	Betões, argamassas de revestimento	Rochas minerais de pedreiras, agregados minerais de rios,

2.4.- Problemas ambientais dos materiais de construção. A produção diária de entulho ou resíduos de construção e demolição (RCD), produto das actividades de engenharia das empresas de construção e da construção e demolição de edifícios, é a principal causa do problema ambiental dos materiais de construção. Estes resíduos não são biodegradáveis e, por conseguinte, têm um impacto ambiental em qualquer cidade ou localidade. Devido à falta de planeamento para uma gestão adequada destes materiais, as entidades governamentais municipais, para darem uma solução parcial a este problema, necessitam de grandes e dispendiosas extensões de terreno para a sua deposição final. Os locais adequados para esse fim geralmente estão localizados na periferia da cidade, a fim de evitar ao máximo a produção de poluição e de agentes nocivos à saúde dos cidadãos que vivem nos arredores. A ocupação de áreas não autorizadas para a deposição direta de toneladas de resíduos de construção, sem qualquer tipo de tratamento e de forma descontrolada, causa problemas ambientais, principalmente na degradação da paisagem e do meio ambiente, Figura nº 2.3. Tendo em conta o problema gerado, é necessário abordar a sua solução pensando no desenvolvimento de novas tecnologias limpas, com o objetivo de iniciar processos que envolvam uma gestão adequada na utilização destes resíduos, permitindo a utilização máxima de todos estes materiais, representando ao mesmo tempo um benefício para a sociedade e reduzindo assim o impacto negativo que estes resíduos produzem no ambiente (Magaña, 2022, p. 72).

Figura n.º 2.3
Eliminação dos resíduos de construção

Os entulhos de construção ou resíduos sólidos não podem ser tratados como resíduos domésticos, pois uma elevada percentagem destes pode ser reutilizada se for a um processo de reciclagem. Este processo consiste na utilização e reutilização dos resíduos sólidos aplicados nas actividades de construção, nomeadamente na produção de elementos pré-fabricados como blocos de alvenaria, tijolos, pedras de pavimentação, agregados para a construção, o que seria uma alternativa para resolver grande parte deste problema ambiental. Ao otimizar a reciclagem destes produtos, seriam criados novos pólos de desenvolvimento económico, promovendo novas indústrias e inúmeros empregos e subempregos sob a premissa da reciclagem, reutilização e valorização destes materiais ecológicos.

2.4.1.- Tipologia dos entulhos de construção. A importância do sector da construção nas economias é muito significativa. Atualmente, este sector atravessa um período de crescimento e expansão sem precedentes a nível mundial, o que implica um grande consumo diário de energia e de materiais não renováveis, atingindo um valor médio de 60% dos materiais extraídos do subsolo. A distribuição percentual em volume do consumo de matérias-primas utilizadas no sector da construção encontra-se na Figura 2.4, (Magaña, 2022, p. 73).

Figura n.º 2.4

Consumo de materiais na construção

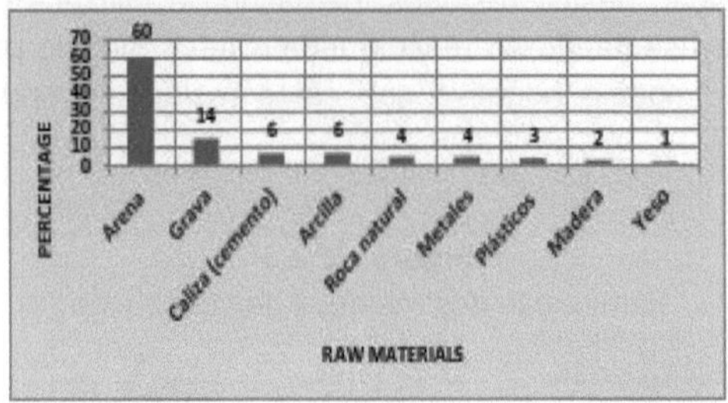

Esta atividade de construção gera um elevado volume de resíduos designados por entulhos de construção (RCD), que não são classificados como Resíduos Sólidos Urbanos das cidades (também designados por resíduos).domésticos). O entulho de construção tem diferentes origens, dependendo da atividade geradora, é produzido de diferentes formas, uma delas ocorre na construção de edifícios, casas residenciais, obras públicas de todo o tipo, onde o entulho de construção é o produto do manuseamento em obra pelo pessoal técnico, de matérias-primas e materiais que se encontram em óptimas condições, que por razões de manuseamento, colocação e corte, sofrem um processo de degradação parcial ou total que os torna inutilizáveis na obra. A outra forma de produção de entulho de construção deve-se principalmente a renovações e demolições totais ou parciais efectuadas num estaleiro de construção que se encontra em construção ou em serviço permanente há vários anos. Estes materiais encontravam-se em óptimas condições de qualidade e de serviço, que, por razões de eliminação e de manuseamento, foram sujeitos a um processo irreversível de degradação. As principais fontes de produção, os tipos de detritos e o possível material a ser recuperado estão identificados na Tabela 2.2 abaixo.

Quadro n.º 2.2

Tipologia dos resíduos de construção

TIPOS DE RESÍDUOS	FONTE DE DEBRIS	MATERIAIS RECICLAR	PERCENTAGEM (%)
Demolições: alvenaria, betão ciclópico e armado, folheados, madeira, vidro, plásticos, pavimentos de betão simples, pavimentos de ladrilhos, azulejos, tubos de cimento e grés.	Edifícios residenciais de um e dois andares, edifícios industriais. Edifícios de edifícios de vários andares, construções civis. Laboratórios para Agregados e pavimentos.	Tijolos, telhas, ladrilhos, betões, betonilhas, argamassas, argamassas	10
Construções: fragmentos de tijolos, blocos fracturados, azulejos partidos, restos de argamassa e de misturas de betão, fragmentos de azulejos, azulejos de fachada, azulejos de chão, etc. fracturado.	Edifícios residenciais ou industriais ou industriais, de um ou vários andares.	Todo o material pode ser utilizado	20
Reparação, reabilitação e manutenção: os mesmos materiais que para os trabalhos de demolição.	Edifícios de vários andares, residências de um ou dois andares, edifícios obras industriais e civis.	Tijolos, telhas, ladrilhos, betões, betonilhas, argamassas, argamassas	70

Fonte: Adaptado de https://www.concretonline.com/rcd-demolicion/reciclaje-y-reutilizacion-de-materiales-residuales-de- construccion-y-demolicion

2.4.2.- Composição dos resíduos de construção. A composição dos resíduos de construção depende principalmente das actividades geradoras dos resíduos, das caraterísticas das obras e das práticas de construção utilizadas. Na Tabela 2.1, as actividades de construção de reparação, reabilitação e manutenção são as principais fontes de produção de entulho com 70%. A Figura 2.5 apresenta os resultados e a percentagem de materiais produzidos nestas actividades, onde os materiais cerâmicos e o betão representam 66% destes (Gaiker, 2007, p. 55).

Figura n.º 2.5

Composição dos resíduos de construção

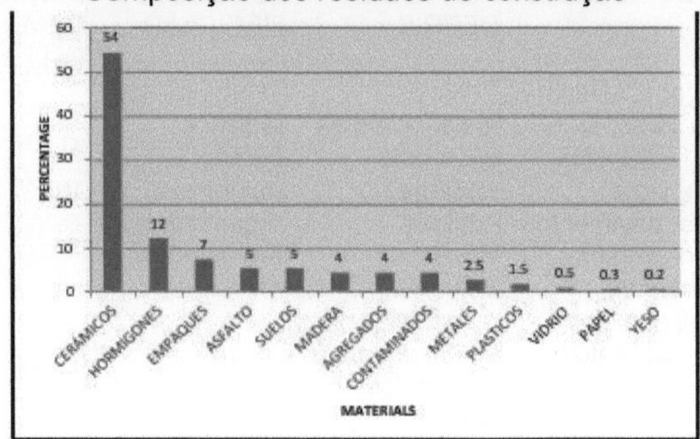

2.4.3.- Classificação dos resíduos de construção. De acordo com a Lista Europeia de Resíduos (LER), os resíduos de construção são classificados em três categorias: A) Resíduos perigosos, B) Resíduos não perigosos, C) Resíduos inertes não perigosos, (Gaiker, 2007, p. 52-54).

A) **RESÍDUOS PERIGOSOS.** Trata-se de materiais de construção que, quando manuseados, contêm elevadas proporções de materiais nocivos para a saúde e o ambiente, quer por exposição direta quer indireta, Tabela n.º 2.3.

Quadro n.º 2.3

Resíduos de construção perigosos

	TIPOS DE RESÍDUOS
RESIDÊNCIAS DE CONTRUÇÃO (RCD) PELIGROSES	resíduos de adesivos, colas, tintas e vernizes, contendo solventes orgânicos ou outras substâncias perigosas
	Óleos de motor, óleos de transmissão e lubrificantes
	Solventes
	Embalagens de plástico e metal contaminadas
	Filtros de óleo
	Baterias de chumbo
	Alcatrão de hulha e produtos de alcatrão
	Resíduos metálicos contaminados com substâncias perigosas
	Solos e pedras contendo substâncias perigosas
	Materiais de isolamento e de construção, contendo amianto
	Materiais de construção com gesso, contaminados com substâncias perigosas
	Resíduos de construção e demolição contendo mercúrio
	resíduos de construção contendo bifenilos policlorados

	(PCB)
	Tubos fluorescentes

B) **RESÍDUOS NÃO PERIGOSOS.** Trata-se de materiais de construção que, pela sua natureza, podem ser tratados ou armazenados no local, Tabela n.º 2.4.

Quadro n.º 2.4

Resíduos de construção não perigosos

RESIDENTESDE CONSTRUÇÃO (RCD) APROVAÇÃODECABEÇA S	TIPOS DE RESÍDUOS
	Madeira
	Cobre, bronze, latão
	Alumínio
	Chumbo
	Zinco
	Ferro e aço
	Lata
	Mistura de metais
	Materiais de isolamento, sem amianto
	Materiais de construção em gesso, não contaminados

C) **RESÍDUOS INERTES NÃO PERIGOSOS.** Trata-se de materiais que não representam qualquer tipo de risco para a saúde quando manuseados e armazenados no local, Tabela 2.5.

Quadro n.º 2.5

Resíduos de construção inertes e não perigosos

RESIDUAÇÕESI NERTES	TIPOS DE RESÍDUOS
	Betão
	Tijolos
	Telhas e materiais cerâmicos
	Misturas de betão, tijolos, ladrilhos e materiais cerâmicos
	Vidro

Por tudo isto, é necessário procurar novas alternativas de construção amigas do ambiente, principalmente de matérias-primas para a produção de materiais ecológicos reciclados, com o objetivo de propor soluções tecnológicas que optimizem a utilização destes recursos disponíveis, o que resulta no bem-estar da comunidade e na melhoria do ambiente.

2.4.4.- Consumo de energia e emissões de CO_2 dos materiais de construção. O sector ou indústria da construção é um dos principais factores de crescimento económico de qualquer país, mas ao mesmo tempo é um dos maiores consumidores de materiais não renováveis. Historicamente, o seu aprovisionamento sofreu uma mudança bastante notável, uma vez que a sua extração foi eficientemente industrializada, a sua produção e consumo aumentaram, tornando-se uma atividade altamente impactante, devido ao seu elevado consumo de energia e à incidência de emissões de CO2 devido a este sector.

A poluição ambiental produzida pelos edifícios existentes e de acordo com o seu tempo de vida útil, são uma causa direta de poluição ambiental ao produzirem emissões descontroladas de gases com efeito de estufa, devido ao elevado consumo de energia e água, bem como às diferentes matérias-primas utilizadas no seu funcionamento. De forma a compreender os impactes ambientais produzidos pela indústria da construção e pelos seus principais materiais, a Tabela 2.6 apresenta o consumo de energia e a produção de CO2 para cada um dos principais materiais de construção (Salazar, 2012, p. 7).

Quadro n.º 2.6

Consumo de energia e emissões de CO2 dos materiais de construção

MATERIAL	CONSUMO ENERGIA (MJ/T)	EMISSÃO DE CO2 (T/T)
Aço	11083	2,705
Agregados grosseiros	177,2	0,010
Agregados finos	494,6	0,021
Areia de rio	121,7	0,010
Base de pavimentação	324,2	0,013
Cal	7670	0,798
Cimento	7506	1,096
Cerâmica	1172	0,830
Cobre	98391	8,622
Guadua	1334	0,107
Tijolo - telhas de barro	2750	0,243
Folhas de Superboard	8863	0,052
Madeira	500	0,000
Pintura	5247	0,408
PVC	72276	7,659
Vidro plano	28952	1,859
Gesso	1190	0,205

De tudo o que foi exposto, pode concluir-se que o sector da construção, apesar de ser um dos principais motores da economia global, deve envidar esforços para avançar para um modelo de construção que, a curto prazo, poupe energia, que seja consistente com os recursos naturais e, em particular, com a gestão adequada dos resíduos de construção e demolição (RCD), com o objetivo de que este sector produtivo se torne realmente um modelo de construção sustentável, adaptado e respeitador do seu ambiente, através da utilização de materiais com baixo impacto ambiental e social ao longo do ciclo de vida dos seus edifícios.A Tabela 2.7 apresenta o impacto ambiental que é afetado, nos sectores mais importantes de alguns materiais de construção, (ISTAS, 2005, p. 34).

Quadro n.º 2.7

Impacto ambiental dos principais materiais de construção

	PRINCIPAIS IMPACTOS AMBIENTAIS						
MATERIAL	EFEITO DE ESTUFA	ACIDIFICAÇÃO MARINHA	POLUIÇÃO ATMOSFÉRICA	CAMADA DE OZONO	METAIS PESADOS	ENERGIA	CDW RESÍDUOS
Aço	++	++	+++	+	++	++	+
Alumínio	+++	+++	++	+	+++	+++	+
Cerâmica	+	+	+	+	+	+	+++
Madeiras	+	+	+	+	+	+	+
Pedregoso	+	+	+	+	+	+	+++
Poliestireno	++	+++	+++	++	+++	+++	++
Poliuretano	+++	++	+++	+++	++	++	+
PVC	++	++	+++	+	++	++	++

NOTA:+ (Impacto reduzido) -++ (Impacto médio) -+++ (Impacto elevado). Adaptado de ISTAS, p. 34.

2.4.5.- Materiais de construção recicláveis. A construção nova com materiais de construção reciclados é o processo de construção inovador através da reutilização de materiais descartáveis, que está a ganhar importância neste domínio. De um ponto de vista sustentável, os principais materiais reciclados para o sector da construção são:

► Metais. O ferro, o aço e o alumínio, principalmente, fazem parte destes materiais reciclados, pois representam uma importante poupança. A grande vantagem é que estes materiais podem ser reciclados várias vezes para serem novamente utilizados na produção de elementos estruturais para a construção.

► Pedregoso. É composto por resíduos de concreto, cascalhos e areias, blocos de tijolos cerâmicos, pavimentos asfálticos, restos de argamassa e misturas de concreto, entre outros. Apesar de ter um baixo impacto ambiental, sua principal caraterística é a alta durabilidade, devido ao seu tratamento e aproveitamento adequado dos resíduos da construção civil, são produzidos agregados reciclados, que podem ser utilizados em diversas atividades da construção civil, como adaptação e preenchimento de terrenos, mesmo misturados com cimento e água.

► A madeira. Este tipo de materiais pode ser considerado como um dos mais importantes. sustentáveis no domínio da construção, devido a esta caraterística, são reciclados como materiais para suportes de construção e cofragem, para o fabrico de painéis de aglomerado, incluindo para o fabrico de outros elementos não construtivos e como biomassa na sua avaliação energética.

► Poliestireno expandido. É um material que pode ser reciclado e convertido matéria-prima para a nova produção de elementos isolantes, em paredes, tectos e telhados.

CAPÍTULO III.

PRINCÍPIOS DAS ESTRUTURAS TENDINOSAS

O engenheiro-arquiteto espanhol Felix Cardellach em sua obra "Filosofía de las Estructuras", explica que, para os construtores da época, a maior descoberta matemática feita está nas leis de ação e reação da matéria ou estruturas construtivas, diante das forças externas atuantes, batizada como a pedra filosofal da Resistência dos Materiais (mecânico-construtiva), (1910, p. 9-11). Ele define que "os seres de todos os reinos naturais, por estarem expostos às leis das forças exteriores (gravidade, vento, etc.) satisfazem um princípio mecânico geral, sem o qual não seria possível a sua estabilidade e resistência, e este princípio não é outro senão o da estrutura", (1910, p. 15).Explica ainda que o homem deve ser contemplativo da natureza, que é a sua grande verdade de todo o mundo material que o rodeia, ajudado pela sua imaginação argumenta, raciocina e exprime os fenómenos: "sob a forma de conceitos geométricos e de expressões matemáticas analíticas, constituindo uma engrenagem espiritual de deduções racionais que nos conduzem rapidamente à descoberta de novas verdades", (1910, p. 15). Todos os seres humanos e principalmente as construções com suas estruturas estão sujeitos às leis das forças externas da natureza, chamando-o de princípio mecânico geral, que deve ser satisfeito simplificando a complexidade dos fenómenos naturais pelo estabelecimento convencional de hipóteses simples, com o objetivo de ser possível a estabilidade e resistência da estrutura, a isto ele chama de princípio da estrutura, onde na natureza temos um exemplo magistral e muito representativo deste que é o esqueleto de um animal, (1910, p. 15-18), concluindo desta forma, ou seja, o esqueleto de um animal, (1910, p. 15-18). A única origem destas formas estruturais e construtivas reside numa sensibilidade mecânica de nível superior e numa inspiração natural, que são inatas no homem (arquiteto, engenheiro) e que constituíram uma caraterística importante do seu desenvolvimento (1910, p. 21). Cardellach sintetiza que: "as formas estruturais de construção devem ser classificadas ou agrupadas por harmonia de textura, mecânica e construção em dois grupos principais:

1. As formas de duas vertentes, capazes de resistir a tensões de compressão e de tração, utilizam sistemas de construção de tendões de aço sob a forma de uma treliça (esqueleto) e articulados entre si para absorver essas tensões.
2. As formas uni-portantes, que são adequadas para suportar apenas tensões de compressão ou apenas tensões de tração, são utilizadas como sistema de construção de segmentos compostos por elementos flexíveis", (1910, p. 25-26).

Afirma que a lei do princípio estrutural, dominante na construção por meio de diagramas materiais de linhas activas, e que exprime o princípio estrutural de uma construção, foi agora descoberta (1910, p. 18). Do ponto de vista anatómico ou fisiológico de todas as construções feitas pelos construtores, "permite-nos descobrir outras ramificações que contribuem para a harmonia e o método para o seu estudo... dentro das formas pseudo-elásticas, encontramos duas espécies diferentes, estruturas sem tendão e estruturas semelhantes a tendões", (1910, p. 27). As configurações estruturais nas formas construtivas de princípio orgânico, apontaram inicialmente ao tendão metálico o seu lugar apropriado na alvenaria e por circunstâncias económicas facilitaram o desenvolvimento do sistema tendinoso, onde a alvenaria passa para segundo plano sendo protetora do sistema treliçado ao fixar o tendão tensionado e transmitindo a sua força ao betão, imitando particularmente a arquitetura zoológica dos vertebrados, com a sua composição de esqueleto, músculos e tendões, (1910, p. 101). Esta colocação estratégica do sistema tendinoso é uma forma de resolver o problema estrutural, onde esta ramificação atinge o aspeto de uma rede no próprio núcleo da estrutura e em ligação com ela, é conseguida pelo método construtivo especial utilizado, que consiste em moldar a estrutura. Cardellach, conclui que: "a finura e a elegância conseguidas pelo sistema tendinoso na resolução surpreendente de um problema de resistência estrutural, obtendo-se uma estrutura original e económica, resistente e elástica, que sintetiza de modo admirável as vantagens de construção caraterísticas do betão armado", (1910, p. 126-128), pondo fim à racionalização mecânica das estruturas construídas pelos romanos, como consequência das caraterísticas gerais do betão. "Só com estes factores, o homem de engenho encontrará sempre no vasto campo da sua imaginação todas as formas estruturais urgentemente exigidas pela vida moderna", (1910, p.300).

Em 1957, Torroja afirma que: "o betão armado é uma pedra organicamente constituída, dentro de cuja massa se distribui otimamente o complexo tendinoso da armadura, esta é doseada para fornecer ao betão a resistência à tração de que necessita em cada ponto, o trabalho conjunto entre a massa de betão e os varões de aço limita-se à aderência, assegurando a transmissão de tensões da armadura para o betão e vice-versa", (2010, p. 67-68).Do ponto de vista das propriedades mecânicas, o betão é um material diferente do aço das armaduras, pois é muito fraco quando trabalha à tração em comparação com o seu bom desempenho à compressão, por este motivo nas estruturas, as treliças de varões são colocadas nas regiões onde ocorrem tensões de tração, fazendo com que a secção transversal da estrutura se comporte como uma secção composta por dois materiais, o betão e o aço das armaduras, (White et al, 1980). Fernández acrescenta, retomando o pensamento de Cardellach, que: "os sistemas tendinosos são formas construtivas que têm sua origem na arquitetura zoológica dos vertebrados, como a combinação de esqueleto, músculos e tendões", (2016, p. 108), pois não existem formas estruturais previamente estabelecidas pela natureza, mas estas surgem a partir de princípios básicos. No sistema tendinoso, o tendão actua como um elemento do sistema tendinoso. O tendão é um tendão de resistência à tração, estrategicamente localizado nas regiões mais vulneráveis da estrutura. Estruturalmente, define três classes de tendões:

1. Tendões por ligamento, utilizados para unir ou ligar pontos críticos em blocos de alvenaria de pedra, a fim de evitar deslizamentos parciais e manter o monolitismo da estrutura.
2. Tendões aparentes, utilizados para unir toda a superfície de contacto dos elementos, a fim de melhorar a resistência mecânica de todos os elementos.
3. Tendões ligados, utilizados para serem colocados internamente na estrutura para formar uma única estrutura monolítica.

A tecnologia construtiva dos tendões colados deu origem mais tarde ao betão armado (Figura n.º 3.1), onde o sistema de tendões colocados internamente se assemelha ao trabalho das barras de aço, assimilando as tensões mecânicas de tração-compressão e preservando assim o monolitismo da estrutura. Para Cardellach, o betão armado era o material tecnológico mais perfeito de que os construtores dispunham até então (2016, p. 108-109).

3.1.- Sistemas de construção utilizados na Colômbia. Os sistemas construtivos constituem o conjunto de métodos, técnicas e procedimentos utilizados no domínio da construção, que incluem os materiais utilizados, os equipamentos e as ferramentas utilizadas, que se combinam racionalmente do ponto de vista construtivo e profissional, para gerar e obter um edifício.

Figura n.º 3.1

Reforços de ferro na pedra, Igreja de Santa Genoveva em Paris

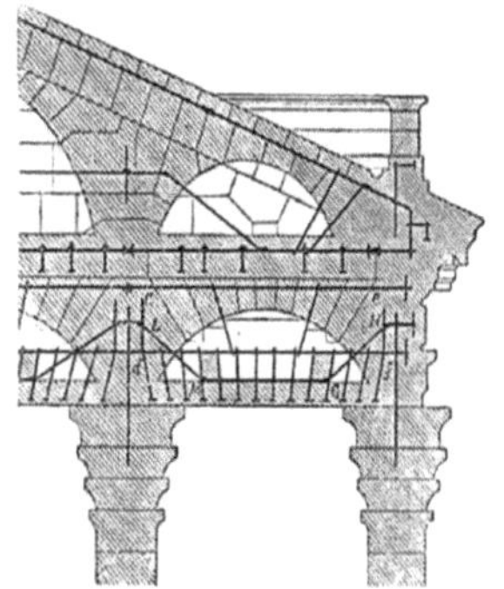

Fonte: Fernández (2016, p. 112)

Os sistemas construtivos mais comuns no nosso país diferenciam-se pelo comportamento estrutural dos seus elementos quando ocorrem determinados esforços estruturais. Estes sistemas são classificados nas seguintes categorias, que se encontram resumidas na Figura nº 3.2:

❖ Alvenaria confinada, constituída pelo sistema tradicional de paredes de A alvenaria é constituída por elementos de betão armado, que representam 62% do total.

❖ Sistemas de construção industrializados, em que são fabricados numa fábrica A proporção de todos os elementos estruturais de forma automatizada, a fim de colocar posteriormente estes elementos pré-fabricados no local, é de 19%.

❖ A alvenaria estrutural, em que as paredes de construção têm uma função estrutural específica, representa 15%.

❖ Outros sistemas de construção, que representam 4%.

Figura n.º 3.2
Sistemas de construção na Colômbia

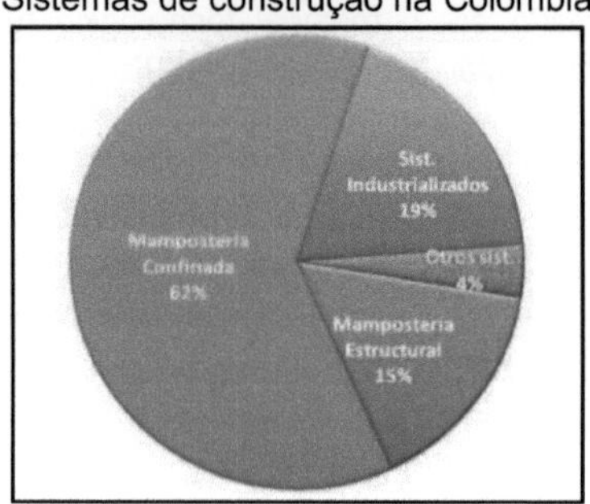

Fonte: (Salazar, 2012, p. 4)

Os sistemas construtivos de alvenaria confinada utilizam 99,5% de materiais naturais, o sistema de alvenaria estrutural utiliza 97,6% de materiais naturais, sendo estes sistemas os maiores consumidores de materiais naturais não renováveis, enquanto o sistema industrializado utiliza 90,0% e é o menor consumidor destes materiais, Figura nº 3.3.

Figura n.º 3.3
Consumo de materiais de construção na Colômbia

TABLA DE RESUMEN CONSUMO DE MATERIALES kg/m² y DISTRIBUCIÓN EN PORCENTAJE

CONSOLIDADO DE MATERIALES SISTEMA INDUSTRIALIZADO TOTAL	DISTRIBUCIÓN POR TIPO DE SISTEMA						
	kg/m²				Distribución %		
	SISTEMA INDUSTRIALIZADO	MAMPOSTERÍA ESTRUCTURAL	MAMPOSTERÍA CONFINADA	GUADUA - TIERRA ESTABILIZADA	SISTEMA INDUSTRIALIZADO	MAMPOSTERÍA ESTRUCTURAL	MAMPOSTERÍA CONFINADA
AGREGADOS TRITURADOS	536,5	399,2	625,0	90,3	42,44%	28,28%	25,96%
ARENA DE RIO	440,9	356,5	733,6	64,2	34,87%	25,25%	30,48%
CEMENTO GRIS	160,9	138,8	306,1	28,0	12,73%	9,83%	12,72%
ROCA MUERTA - TIERRA EXCAVACIÓN	40,6	162,4	372,5	841,7	3,21%	11,51%	15,47%
CERÁMICA COCIDA	43,9	320,8	358,1	4,3	3,47%	22,73%	14,87%
ACERO	29,5	21,0	9,4	2,2	2,33%	1,49%	0,39%
MADERA	5,4	3,3	0,1	105,5	0,43%	0,24%	0,01%
TEJA FIBROCEMENTO	3,1	6,4	0,0	0,0	0,25%	0,45%	0,00%
OTROS (PVC,COBRE,CEMENTO BLANCO,PINTURAS)	3,4	3,3	2,4	97,3	0,27%	0,23%	0,10%
TOTALES	1.264,3	1.411,7	2.407,3	1.233,5	100,00%	100,00%	100,00%

Fonte: (Salazar, 2012, p. 6)

3.2.- Sistemas Construtivos Não Convencionais. O desenvolvimento e a modificação das técnicas construtivas tradicionais requerem uma evolução e adaptação às necessidades das sociedades, que estão diretamente relacionadas com a salvaguarda da integridade dos seus habitantes e o direito a uma habitação condigna; no entanto, devemos considerar o aumento das alterações climáticas como as inundações, o aumento das temperaturas extremas e as secas que se têm verificado nos últimos 10 anos (Management Solutions, 2020). Como resultado do acima exposto, é necessário conceber e propor novas técnicas de construção que cumpram os requisitos estruturais para reduzir o elevado défice habitacional na Colômbia. Para além de responder ao desafio dos requisitos estruturais, é necessário que estas propostas reduzam o tempo de construção de um edifício e mantenham um desempenho ótimo entre materiais, mão de obra e equipamento com um planeamento e execução adequados dos seus elementos de construção.
A necessidade de uma mudança de paradigma relativamente aos métodos construtivos tradicionais e ao manuseamento dos materiais do ponto de vista tecnológico, de forma a implementar e construir habitações mais económicas e eficientes do ponto de vista ambiental, o sistema construtivo não tradicional das paredes de tendão, não é uma nova metodologia, mas oferece uma alternativa viável e sustentável através da análise e relato cronológico da evolução técnica e construtiva da parede de tendão.

3.2.1.- Construção alternativa de Paredes Tendinosas. Este novo sistema de construção não convencional é denominado parede tendinosa, e foi desenvolvido nos anos 90 pelos arquitectos da Universidad del Valle (Colômbia) Supelano e Thomas, que apresentam o Sistema Tendinoso como "uma investigação que integra design, tecnologia e cultura, que responde à necessidade sentida de viver numa casa feita de material" (2002, p. 25), é uma alternativa de construção não convencional que se baseia em conhecimentos e técnicas arquitectónicas tradicionais. 25), é uma alternativa de construção não convencional que se baseia em conhecimentos e técnicas arquitectónicas tradicionais. O objetivo é otimizar este conhecimento e responder à necessidade destas comunidades de construírem as suas próprias casas com materiais de construção mais resistentes, seguros e duráveis (2015, p. 170). Este método de construção tem sido aplicado no departamento de Valle del Cauca de forma eficiente, com resultados muito bons na execução de casas de um e dois andares em diferentes localizações geográficas, devido à facilidade e rapidez da sua execução pelos autoconstrutores. A estas caraterísticas construtivas há que acrescentar a leveza da estrutura e, sobretudo, o seu baixo custo económico, dando assim resposta à necessidade de habitação em zonas rurais e urbanas, de populações com um número de habitantes inferior a 50.000 habitantes, representando para estas comunidades muitas opções de carácter social, económico e, sobretudo, ambiental.

3.3.- Caracterização das paredes tendinosas. As paredes tendinosas representam um novo sistema construtivo não convencional, a sua etimologia é retirada dos escritos de Cardellach sobre as estruturas tendinosas; Supelano e Thomas retomam-na utilizando a palavra "tendão", quando se utiliza um fio metálico como elemento estrutural e sobre este é colocado um "tendão" de uma malha natural, que quando se unem estes dois termos dá como resultado:

TENDÃO+ TENDÃO= TENDÃO TENDÃO

A tipologia deste sistema construtivo consiste no fabrico in situ de painéis modulares planos, unidos entre si por vigas e pilares ou pilares de materiais naturais e/ou metálicos, com revestimento de argamassa, formando um confinamento estrutural como componente principal para o suporte destas construções, tendo em conta uma modulação técnica dos painéis. A facilidade construtiva deste sistema de paredes de tendões para casas de um e dois andares tem sido utilizada com sucesso em várias cidades do oeste da Colômbia, pois representa muitas opções ambientais, económicas e sociais. Na zona da região cafeeira do Valle del Cauca, com a ajuda da Federación Nacional de Cafeteros de Colombia, na década de 90, implementou-se este novo sistema construtivo, onde se construíram aproximadamente seiscentas (600) casas de carácter VIS nas seguintes zonas urbanas dos municípios:

- Bolívar, urbanização Los Laureles
- Caicedónia, urbanização Samaria
- La Victoria, conjunto habitacional Buenaventura
- Restrepo, urbanização La Independencia
- Sevilha, urbanização Villa Paz
- Trujillo, urbanização La Paz

3.3.1.- Componentes das paredes de tendões. As paredes tendinosas são realizadas in situ através da formação de painéis modulares planos, reforçados no interior com uma rede de arame farpado que serve de tendões integrados, unidos por meio de agrafos a elementos verticais e horizontais formando uma estrutura rígida composta por madeira serrada ou redonda, guadua, cantoneira metálica ou betão armado. O núcleo das divisórias é uma treliça de fibra natural biodegradável denominada cabuya, mezcal ou fique, que se entrelaça com a treliça de arame farpado, para servir de suporte à aplicação da mistura de argamassa em camadas sucessivas para proporcionar a união entre os seus elementos e dar rigidez à treliça, constituindo um elemento estrutural monolítico que se comportará como uma parede confinada, dando um acabamento final ao painel com uma espessura média de 4 a 5 centímetros (Torres, 2013, p. 1). 1). Os materiais de construção básicos na composição de uma parede de tendões são (Figura nº 3.4 e Figura nº 3.5):

- Parede com tendões em madeira redonda ou serrada

• Pares verticais e horizontais para o caixilho da parede

• Pregos de ferro para fixar as juntas da estrutura de madeira

- Arame farpado como tendão de fixação
- Saco de fique entrelaçado com arame farpado
- Cimento Portland para mistura de argamassa e composição
- Areia como agregado para mistura de argamassa e composição
- Água de amassadura e composição da argamassa

Figura n.º 3.4

Materiais para sistemas de paredes de tendões

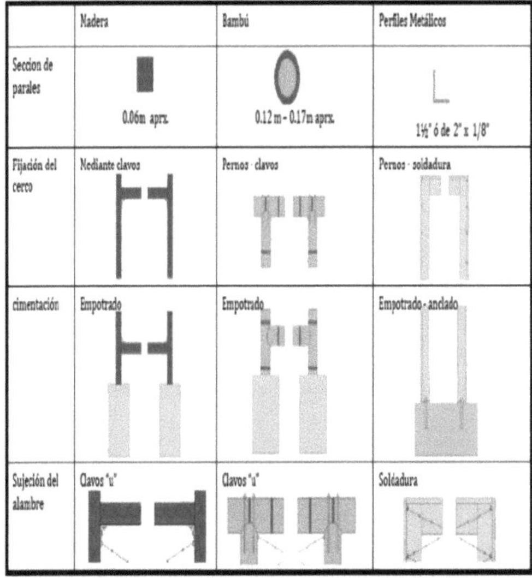

	Madera	Bambú	Perfiles Metálicos
Seccion de parales	0.06m aprx.	0.12 m - 0.17m aprx.	1½" ó de 2" x 1/8"
Fijación del cerco	Mediante clavos	Pernos - clavos	Pernos - soldadura
cimentación	Empotrado	Empotrado	Empotrado - anclado
Sujeción del alambre	Clavos "u"	Clavos "u"	Soldadura

Nota: Extraído de https://dokumen.tips/documents/3-muros-tendinosos-1.html -

Figura n.º 3.5

Materiais de base do sistema de paredes de tendões

https://www.maderastecnicasinmunizadas.co/producto/madera-aserrada-pino-y-eucalipto-inmunizado/ - https://www.facebook.com/media/set/?set=a.1132498343437065&type=3&_rdr - https://www.bambukindus.com/service/1-guadua-rolliza-angustifolia-kunth-tipo-macana/ - https://www.siderperu.com.pe/sites/pe_gerdau/files/PDF/FT%20ANGULOS%20DOBLADOS%20SP%2022mar19.pdf

Parede de tendões em bambu ou bambu

- Pares verticais e horizontais para o caixilho da parede
- Cavilhas metálicas ou pregos de ferro para fixar as juntas da estrutura de madeira
- Arame farpado como tendão de fixação
- Saco de fique entrelaçado com arame farpado
- Cimento Portland para mistura de argamassa e composição
- Areia como agregado para mistura de argamassa e composição
- Água de amassadura e composição da argamassa

► Parede de tendões em perfis metálicos

• Pares verticais e horizontais para o caixilho da parede

• Pinos de ferro ou eléctrodos de soldadura, para fixar as juntas da estrutura de madeira

• Arame farpado como tendão de fixação

• Saco de fique entrelaçado com arame farpado

• Cimento Portland para mistura de argamassa e composição

• Areia como agregado para mistura de argamassa e composição

• Água de amassadura e composição da argamassa

A parede de tendões é composta pelos seguintes elementos de construção básicos, na formação construtiva e estrutural (Figura n.º 3.6):

• Estrutura do pórtico e estrutura geométrica

• Parede divisória modular plana composta por tendões de arame farpado, o arame entrelaçado com núcleo de sacos ou sacaria de fique

• Mistura de argamassa colada ao núcleo de fique

• Componente da parede de tendões embutida na estrutura de fundação

Figura n.º 3.6

Componentes do sistema da parede do tendão

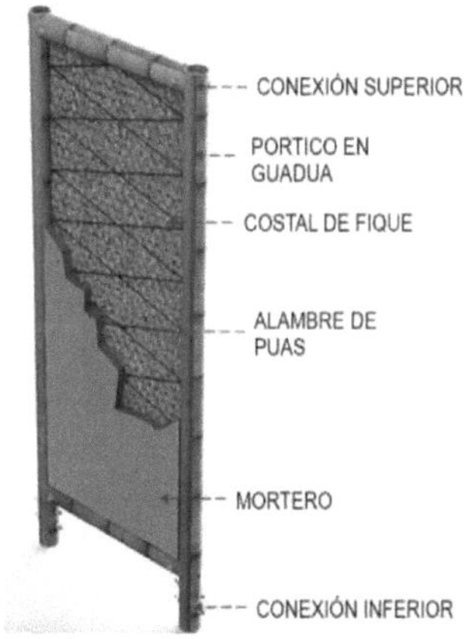

Nota. Extraído de: Mora (2022, p. 47).

3.3.2.- Construção de Muros de Tendões. Para a construção de uma parede de tendões, devem ser cumpridas algumas regras ou normas geométricas, como se pode observar na Figura nº 3.7, (Velásquez, 2010):

- Os muros perimetrais são construídos em tijolo ou blocos pré-fabricados, encimados por uma viga de betão armado.
- Os painéis do muro de tendões devem ter uma forma retangular, sendo os pilares colocados e embutidos, e depois são colocadas as vigas ou vigas inferiores e superiores, formando a estrutura.
- Os pilares da estrutura de confinamento do muro de tendões podem ser dimensionados de 0,75 metros a um máximo de 1,2 metros, com uma altura média máxima de 2,4 metros.
- Tendo a estrutura pronta, inicia-se a colocação do tendão de arame farpado, que deverá ter um espaçamento vertical simétrico entre 20 e 30 centímetros, tensionando e intercalando a sua disposição da distância entre os respectivos pars verticais.
- O saco de fique começa a ser colocado na estrutura.
- Em seguida, são efectuadas as instalações eléctricas e hidráulicas da casa.

Figura n.º 3.7
Geometria do sistema de paredes do tendão

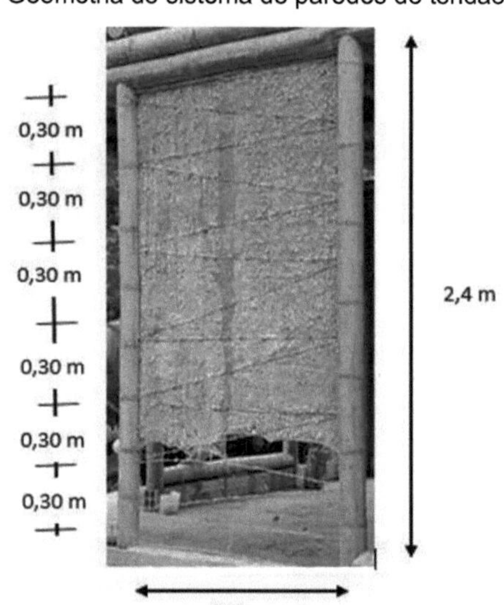

Nota: Extraído de https://dokumen.tips/documents/3-muros-tendinosos-1.html

Após a construção do esqueleto construtivo da parede tendinosa, seguindo e cumprindo os passos anteriores, a mistura de argamassa é preparada e colocada sobre a parede tendinosa sob a forma de reboco, que consiste na aplicação de várias camadas de argamassa, com a plasticidade e consistência da argamassa. necessária à mistura de argamassa, para que se consiga a aderência e posterior endurecimento, para atuar de forma monolítica. A primeira camada do processo de reboco ou chanfragem é aplicada com força sobre a superfície do esqueleto construtivo da parede tendinosa, devendo deixar-se assentar ou secar durante várias horas, para aplicar as respectivas camadas até que a superfície fique completamente lisa e uniforme, concluindo assim a construção da parede tendinosa, (Figura nº 3.8).

Figura n.º 3.8

Construção do sistema de paredes de tendões

Nota. Extraído de: http://www.zuarq.co/

3.3.3.- Comportamento estrutural das paredes de tendões. Do ponto de vista construtivo, a parede tendinosa tem o comportamento de um diafragma do tipo pórtico com caraterísticas heterogéneas e anisotrópicas, em que os seus componentes materiais apresentam um comportamento mecânico não linear, devido às diferentes caraterísticas físicas e mecânicas, ou seja, variam de acordo com a direção de aplicação das forças a que estão sujeitos. Em conclusão, dada a natureza heterogénea dos materiais, o seu comportamento estrutural não é o somatório do comportamento de todos os seus componentes. É efectuada uma análise individual dos principais componentes da parede do tendão, Figura nº 3.9:

- Colunas estruturais do pórtico, cuja função principal é confinar e suportar os outros componentes da parede e transmitir as cargas verticais à parede de fundação.
- Arame farpado, a sua função é a de tendão ou cabo, a sua colocação diagonal é com o objetivo de poder suportar e contrariar as cargas horizontais de tração que actuam sobre a parede do tendão, sem apresentar deformações ou rupturas. Os espigões ou saliências pontiagudas e fixas colocadas transversalmente têm a função de suportar o saco de sacaria e a argamassa já endurecida.
- Saco de Fique, tem como função aderir a camada de argamassa à sua superfície, pode suportar algumas cargas perpendiculares de carácter sísmico ao seu plano.

Figura n.º 3.9

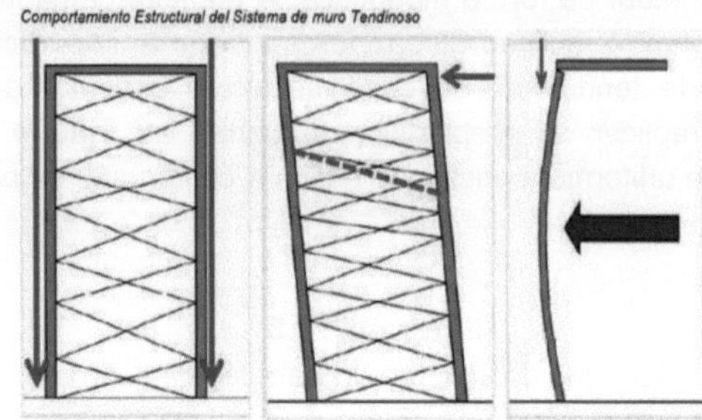

Nota: Extraído de https://dokumen.tips/documents/3-muros-tendinosos-1.html

- Mistura de argamassa, produz confinamento para proporcionar a ligação entre os seus elementos e rigidez à estrutura, constituindo um elemento estrutural monolítico.

Uma particularidade importante das paredes de tendões é o seu bom comportamento e resposta às forças sísmicas. Devido ao seu baixo peso unitário, as cargas sísmicas que actuam sobre as massas dos elementos são menores, assim como a aceleração produzida na estrutura, produzindo um menor efeito sísmico no deslocamento lateral. Velázquez confirma esta afirmação, comentando que no sismo ocorrido na Arménia (Colômbia) em 1998, o comportamento das casas construídas com paredes de tendões foi ótimo, devido à boa ductilidade destas construções. Os outros sistemas construtivos de alvenaria presentes naquela localidade não tiveram o mesmo comportamento, pois houve muitos colapsos acompanhados de perdas de vidas humanas, (2010, p. 9).Mora, na sua investigação laboratorial, afirma que o sistema de paredes tendinosas do tipo Thomas é o mais flexível das paredes ensaiadas, valorizando também a sua capacidade de carga máxima de 2,42 kN (246,8 kg), recomendando este tipo de construção como elementos divisórios em edifícios, (2022, p. 105).

CAPÍTULO IV

ANÁLISE DO SISTEMA DE CONSTRUÇÃO DE PAREDES DE TENDÕES

Apresenta, a título informativo, a contextualização das diferentes análises e pontos de vista efectuados por um conjunto de investigadores interessados nesta nova temática construtiva.Thomas no seu carácter investigativo defende que, "a aposta investigativa consistiu em estimular uma abordagem integral do design ambiental, que recria os aspectos positivos da tecnocultura existente" (2002, p. 28). 28), onde prevalece uma demarcação política que advém da conquista e posterior colonização, pois a arquitetura com materiais duráveis como o tijolo, a que chama tecnocultura colonial, foi imposta à tecnocultura local biodegradável de madeira (malocas e bahareque) que foi excluída por ser de tipo indígena, a que chama a grande educação tecnológica do esquecimento. Nesta perspetiva ideológica, materializa-se o sistema tendinoso, desenvolvendo técnicas de construção e utilizando estruturas de madeira tradicionais da região, de modo a que os habitantes fossem os seus autoconstrutores através dos costumes ancestrais das mingas e dos convites (tradição indígena de trabalho comunitário), sendo outros factores importantes que as construções resultantes sejam confortáveis para os seus habitantes (Figura 4.1). Thomas define-o como "tecnologia apropriada" ao conceber um sistema de construção amigo do ambiente que responde às determinantes socioculturais do local, do ponto de vista estético, estrutural e económico (2002, p. 31).

❖ Guerrero y Casas, analisa o aspeto sísmico, onde salienta que a região do Pacífico está localizada numa zona de elevada sismicidade, o comportamento das diferentes estruturas e a sua vulnerabilidade a estes eventos e a segurança que as construções podem garantir face aos sismos, acrescentando que a

O terramoto de 1999 na Arménia evidenciou a elevada vulnerabilidade sísmica dos edifícios de menos de um e dois pisos que foram construídos sem cumprir os requisitos de conceção sísmica resistente, (2002, p. 51). Este sistema pode ser classificado como paredes estruturais confinadas e o seu sistema estrutural básico consiste numa estrutura de madeira, guadua ou aço, que ao integrar painéis de tendões nesta estrutura funciona como uma parede estrutural, este sistema de construção tem sido utilizado com sucesso em habitações de um e dois pisos, (Guerrero e Casas, 2002, p. 52-53).

Figura n.º 4.1

Construção do sistema de parede de tendões em estrutura de aço

❖ Velázquez efectua uma análise do sistema de paredes do tendão:

Devido à sua versatilidade, rapidez de construção e economia, foi um projeto-piloto da Federação Nacional de Cafeicultores da Colômbia (Federecafé) a utilização deste sistema de construção no Departamento de Valle del Cauca (Colômbia) e especificamente nos municípios do eixo cafeeiro (Caicedonia, Sevilla, Restrepo, Trujillo, La Victoria, Bolivar) entre outros, onde existem grandes plantações de bambu ou bambu, (Velázquez, 2010, p. 8-10), Figura nº 4.2.

Figura n.º 4.2

Progresso da construção de uma casa com o sistema de paredes de tendões

Este sistema de construção não é aprovado pelo Regulamento Colombiano de Construção Sísmica Resistente, (NSR-10), Título G, no entanto teve o seu primeiro teste de fogo durante o terramoto da Arménia em 1999 (magnitude sísmica na Escala de Richter 6.1), onde demonstrou um comportamento ótimo devido à sua ductilidade inerente que evita o colapso das paredes, algumas das casas construídas com este sistema e que foram afectadas pelo sismo não apresentaram danos importantes nem as suas paredes colapsaram, ao contrário do mau comportamento dos sistemas tradicionais de construção em tijolo, (Velázquez, 2010, p. 8-10). 8-10).

Devido à sua facilidade de construção, rapidez de execução e baixo custo, este sistema construtivo permitiu responder às necessidades de muitas pessoas com baixos níveis económicos. Estas caraterísticas tornaram as paredes de tendão populares nestas zonas, reproduzindo e adaptando os métodos de construção com novos materiais e diversas configurações geométricas (Velázquez, 2010, p. 15-16).
Do ponto de vista estrutural, a parede de tendão é heterogénea, é um material compósito, anisotrópico e os seus componentes apresentam um comportamento mecânico não linear, as suas caraterísticas estruturais são as seguintes:

- Estrutura confinante, estes elementos desempenham uma dupla função estrutural, transmitindo as cargas verticais à fundação, confinando horizontalmente a estrutura do painel, para além de serem o suporte físico de todos os outros elementos do sistema.
- Embora não tenha uma função especificamente estrutural, a sua principal função é dar consistência à parede face a cargas perpendiculares ao seu plano de colocação, também dá aderência à parede do tendão como um todo.
- Arame farpado, o seu comportamento é o de um cabo tensor que absorve as cargas de tração na direção horizontal do muro, permite também a aderência e a sustentação da treliça de fique natural.
- A rede de fibras naturais Fique é a superfície que permite a colocação e coesão da argamassa face a cargas perpendiculares ao plano da parede, (Velázquez, 2010, p. 21-22).

Adicionalmente, Velázquez diferencia os sistemas estruturais da parede do tendão com os seus vários materiais constituintes, Figura No. 4.3:

- Estrutura com perfis metálicos, as secções destes perfis metálicos A-36 são pequenas (1 1/2" a 2" x 1/8"), a sua ancoragem à fundação é totalmente embutida (a cantoneira ou perfil é embutido) ou a sua fixação pode ser feita pelo sistema de ancoragem com chumbadouros embutidos, a união entre os elementos da estrutura é feita por meio de soldadura eléctrica, isto significa que pode assumir movimentos da estrutura ou estrutura sem comprometer a estabilidade da parede. A estes perfis devem ser soldados ganchos galvanizados para fixar os tendões de arame farpado, como as secções dos perfis são pequenas, não reduz a área arquitetónica das casas.
- Estrutura de madeira, as secções desta estrutura em madeira serrada ou redonda podem ser de 4" x 4" x 6 metros, a sua ancoragem à fundação é totalmente embutida (a coluna é embutida), a união entre os elementos da estrutura é feita por meio de parafusos, é necessário que a madeira tenha sido submetida a um processo de imunização.
- Estrutura de guadua, as secções desta estrutura podem ter de 10 a 15 centímetros de diâmetro, a sua ancoragem à fundação é totalmente embutida (a coluna é embutida), a união entre os elementos da estrutura é feita por meio de parafusos, é necessário que a guadua tenha sido submetida a um processo de imunização.

Figura n.º 4.3
Construção de complexos habitacionais de um piso com o sistema de paredes de tendões

A geometria dos painéis de parede tendinosa é de forma retangular, as colunas da estrutura confinante podem ser dimensionadas de 0,75 metros a um máximo de 1,2 metros, com uma altura média de 2,4 metros no máximo, a colocação dos arames farpados pode ser entre 20 e 30 centímetros, intercalando a sua distância entre os paralelos, (Velázquez, 2010, p. 24- 26). A funcionalidade do sistema de paredes de tendão é analisada do seguinte ponto de vista construtivo, como um todo da própria habitação, destacando-se as seguintes funcionalidades, Figura nº 4.4:

Figura n.º 4.4
Construção de habitações com o sistema sine-wall

- Fechamento, tem como função básica separar os diferentes compartimentos da habitação, constitui uma matriz sólida como um todo, capaz de resistir a impactos perpendiculares ao seu plano de ação e é relativamente leve em comparação com os sistemas convencionais de construção em alvenaria de tijolo.
- Resistência, a parede de tendão não é autoportante e a sua estrutura vertical

deve estar embebida na fundação, a resistência de todo o sistema das paredes de tendão está sujeita ao confinamento dado na estruturação do sistema construtivo, sendo adequada para construções de um e dois pisos.

- Isolamento, não possui qualquer tipo de isolamento acústico ou térmico.

- Durabilidade, a parede de tendão necessita de uma manutenção adequada quando existem fissuras, descamação da argamassa, fissuras na parede, fissuras na parede e fissuras na própria parede.

A durabilidade das juntas de construção pode ser assegurada através de uma reparação atempada.

- Estanquidade, a parede de tendão, por natureza, não é estanque devido à porosidade da argamassa, para evitar este fenómeno a parede deve ser impermeabilizada no exterior para evitar fugas.
- Tempo de construção, uma das vantagens mais importantes do sistema de paredes de tendões é o seu rápido processo de construção.
- Versatilidade, este sistema construtivo é aplicável em habitação social (VIS), em casas de campo de estrato elevado, pela sua adaptabilidade a todo o tipo de projectos com diferentes climas e topografias do terreno.
- Esteticamente, as construções com paredes de tendões têm uma grande liberdade do ponto de vista arquitetónico (Velázquez, 2010, p. 42-44).

❖ Franco (2019), analisou diferentes técnicas de construção tradicionais na Colômbia, principalmente as baseadas na utilização do bambu na

O projeto também estudou os possíveis critérios bioclimáticos a ter em conta para garantir uma adaptação óptima ao clima local, resultando no conforto dos utilizadores sem a necessidade de um elevado consumo de energia. Este sistema difundiu-se progressivamente noutras regiões, principalmente devido à sua facilidade de construção, uma vez que não requer mão de obra especializada e pode ser realizado por métodos comunitários de auto-construção.

❖ Bedoya sublinha que o aspeto estético da estrutura é muito necessário para a aceitação ou rejeição de uma técnica ou material de construção.

de construção, (2011, p. 82). Nele estão listadas as caraterísticas, propriedades e funções dos materiais envolvidos na construção de uma parede de tendões, que são os seguintes elementos:

- Arame farpado, material de base que actua como reforço na treliça de tendões, a sua função estrutural é absorver as tensões de tração no painel de parede.

- Este material é o núcleo do painel e é composto por sacos ou feixes de fique, actuando como uma malha que cobre todo o comprimento do painel. A sua principal função é dar aderência ao sistema de tendões com a argamassa que é carregada em camadas sucessivas até se obter a espessura desejada da parede.
- Argamassa de cola, este material é o encarregado de dar solidez ao painel da parede tendinosa e ao mesmo tempo dar-lhe o seu acabamento final, as actividades

da colocação desta argamassa de cola é semelhante ao gesso, a primeira atividade é a carregada do painel mediante uma mistura de argamassa rica em cimento e água que se lança sobre o quadro de fibra natural com o fim de obter aderência, posteriormente após a secagem desta camada colocam-se sucessivas camadas que darão a espessura necessária à parede tendinosa.

- Estrutura de contenção, que é composta por elementos verticais (pilares) e horizontais (vigas) que darão rigidez ao sistema de paredes, os materiais podem ser madeira, guadua, cantoneira, betão armado, (Bedoya, 2011, p. 82-83).

❖ Builes analisa o aspeto construtivo do muro de tendões, em que a fundação é constituída por uma viga sobrejacente, sobre a qual se constrói um muro de alvenaria perimetral com um ponto de partida em tijolo com a

Para proporcionar isolamento ao sistema estrutural e à própria parede de tendões, os painéis que compõem a estrutura resistente são construídos sobre esta parede e são constituídos por pilares e vigas que proporcionam confinamento ao sistema, os pilares são embutidos numa soleira tanto no topo como na base para proporcionar rigidez ao sistema, (Builes, 2011, p. 44-45).

❖ Casas define-o como um sistema de construção não convencional, que deve proporcionar segurança, estabilidade e durabilidade ao longo do tempo, (2011, p.

27). Define os aspectos deste sistema a avaliar:

- O aspeto ambiental é composto por duas ordens:

1. A ordem formal é o ambiente urbano ou rural onde o sistema será implementado.
2. A ordem funcional, que é composta pela geografia, pelo clima e pelas regras de construção.

- Aspeto tecnológico, que inclui o nível de utilização do sistema de construção.
- Aspeto socioeconómico, relaciona a situação económica da região, (Casas, 2011, p. 28-36).

❖ Em sua pesquisa, Giraldo - Raigoza e Sanchez, enfatiza a construção de: Habitação na zona rural com a aplicação de bioarquitetura de parede de tendão, com base nas caraterísticas do ambiente social, áreas de influência com necessidade latente de um modelo de melhoria ao nível da habitação e necessidade, considera-se urgente para atender o défice apresentado. A consciência ambiental é outro dos factores a abordar no meio rural a partir da incursão do novo modelo de habitação rural proposto (2016, p. 16). A Guadua angustifolia é a matéria-prima mais importante na construção de uma espécie de parede de tendão, é um recurso renovável e sustentável, pois fixa o dióxido de carbono (CO_2), cumprindo com a sustentabilidade construtiva.

❖ Mora efectua investigação experimental em laboratório, fabricando vários tipos de paredes de tendões sujeitas a cargas laterais,

As dimensões destas paredes tendinosas têm uma altura de 2,20 metros, uma largura de 1,20 metros e uma espessura que varia entre 5 e 7 centímetros, enumerando os seguintes protótipos, (Mora, 2022, p. 47-49):

► Muro de tendão tipo Thomas, que consiste num portal de guadua, uma matriz interna em fique sacking, arame farpado e revestido em ambas as faces.

► Muro de tendão tipo Chacon, constituído por um pórtico de guadua, uma matriz interna de rede metálica com veios, grelha interna reforçada com aço ondulado de 3/8" e revestida em ambas as faces com argamassa de cimento e areia.

► Parede de tendão tipo Morachá, que consiste em um pórtico de guadua, uma matriz interna de esteira de guadua, reforçada com aço corrugado de 3/8" e revestida em ambas as faces com argamassa de cimento e areia.

A partir do ensaio de flexão com cargas laterais efectuado nas amostras de parede do tendão em laboratório, obtêm-se os seguintes resultados para a carga máxima última, (Mora, 2022, p. 91):

► Parede de tendões do tipo Thomas, X= 6,12 kN.
► Parede de tendão do tipo Chacon, X= 7,00 kN.
► Parede de tendões do tipo Morachá, X= 6,55 kN.

	CARGA MÁXIMA DE ROTURA		
	THOMAS	CHACÓN	MORACHÁ
Ensayo 1	6,75	8,2	6,9
Ensayo 2	5,99	6,15	6,64
Ensayo 3	5,4	7,55	6,47
Ensayo 4	6,33	6,08	6,2
X =	6,12	7,00	6,55
S =	0,5705	1,0506	0,2941
CV =	9,33	15,02	4,49

Ao efetuar uma análise estatística dos valores do ensaio de flexão lateral das paredes tendinosas, a média aritmética mais elevada corresponde ao ensaio de Chacón, o valor de Thomas é inferior em 12,6% e o valor de Morachá é inferior em 6,4%, relativamente ao valor mais elevado. O valor do coeficiente de variação (CV) do teste de Chacón apresenta uma variação elevada (15,02%), seguido do teste de Thomas (9,33%) e o menor coeficiente para o teste de Morachá. Conclui-se que os vários tipos de muros de tração têm um bom desempenho sob cargas de flexão horizontal ou lateral.

4.1.- Discussão e conclusões sobre as paredes de tendões. É apresentada uma série de discussões e conclusões sobre as paredes de tendões, que representam um sistema de construção novo e não convencional.

• Os sistemas tendinosos são considerados formas construtivas que têm a sua origem na arquitetura zoológica dos vertebrados, como a combinação de esqueleto, músculos e tendões (Cardellach, 1970), em relação a esta investigação, este sistema construtivo revela-se útil em elementos de carga e divisão, principalmente na relação direta dos materiais que o compõem e a finalidade para a qual serão concebidos. Isso é corroborado por Cardellach (1970), que afirma que a única origem dessas formas estruturais e construtivas está em um nível superior de sensibilidade mecânica e inspiração natural. Cardellach conclui que o engenheiro, com este espírito inovador, deve descobrir novas formas de estruturas resistentes para a construção efectiva.

- O sistema de paredes de tendões tem sido utilizado na Colômbia desde a década de 1990. Por ser amigo do ambiente, deu resposta à necessidade de habitação de baixo rendimento, uma vez que não requer mão de obra especializada. O confinamento proporcionado pelo sistema de paredes de tendões é altamente resistente a cargas gravitacionais e muito estável a eventos sísmicos, como foi demonstrado no terramoto da Arménia (Colômbia) em 1998 (Zuluaga, 2012, p. 14-15). Do ponto de vista tecnológico, a adoção de sistemas de construção alternativos não convencionais traz consigo a inovação ou a melhoria destes sistemas, seja através da utilização de materiais tradicionais regionais, da implementação de novos métodos de construção, organização e produção para reduzir os custos de construção, ou da utilização de materiais reciclados em alguns casos, Todos estes aspectos enumerados são possibilidades que, num determinado momento, podem tornar-se opções reais e efectivas para a utilização dos recursos existentes e, desta forma, ajudar as classes menos favorecidas a melhorar o seu nível de vida com a construção de habitações condignas, como as construídas no bairro de La Independencia, Município de Restrepo, Valle del Cauca, Colômbia, Figura 4.5.

Figura n.º 4.5

Urbanização de casas construídas com o sistema de paredes de tendões

As vantagens deste sistema de parede de tendões são as seguintes

- As tradições ancestrais de construção camponesa podem ser aplicadas e melhoradas.
- São utilizados recursos materiais e de mão de obra da mesma região.
- Os painéis revestidos a argamassa podem receber um acabamento rústico, ou

podem ser estucados e pintados posteriormente.

- O sistema de painéis permite a instalação interna de todos os tipos de tubos para instalações eléctricas, hidráulicas e de gás.
- Devido à sua espessura, os painéis servem de isolamento térmico e acústico na casa .
- O sistema tendinoso é muito económico, pelo que as casas podem ser construídas a baixo custo, e as casas podem ser construídas tanto nas zonas rurais como nas zonas urbanas de uma localidade.
- O comportamento deste sistema de paredes tendinosas perante as acções sísmicas apresentadas na região foi muito positivo, o sismo de Paez de 1995 com um valor na escala de Richter de 6,5, e o sismo da Arménia em 1998 com um valor na escala de Richter de 6,4, qualificados pelo seu valor como fortes. As casas construídas com o sistema de paredes de tendões não sofreram danos estruturais.
- O sistema de paredes de tendões não tomba em caso de sismos, como acontecia com as paredes de pau a pique e de tijolo simples, e este fator de resposta sísmica é muito importante para a salvaguarda da vida dos ocupantes.
- É um sistema de construção amigável.
- Este sistema de construção insere-se no quadro definido no Plano de Ação Regional para o desenvolvimento sustentável da Agenda 21 das Nações Unidas, no que diz respeito à recuperação de sistemas e materiais tradicionais, através da utilização de sistemas não convencionais e alternativos.

As poucas desvantagens deste sistema de parede de tendões são:

- A humidade direta pode ocorrer nas paredes localizadas nas partes exteriores da habitação, como resultado da água da chuva, o que pode ser evitado através da manutenção periódica com revestimentos de tinta plástica à prova de água.
- Quando se constrói em madeira ou guadua, estas devem ser bem protegidas contra o ataque de insectos xilófagos, de modo a garantir a sua durabilidade ao longo do tempo e um bom comportamento estrutural.
- Outro fator muito importante a ter em conta são os erros construtivos que podem ocorrer na sua execução, em resultado da inexperiência na auto-construção.

Os aspectos seguintes são deixados como tema de investigação e discussão técnica:

- A importância alcançada pelo sistema de tendões na resolução de um problema de resistência estrutural é tal que se obtém uma estrutura original, económica, forte e elástica.
- Thomas materializa o sistema tendinoso, desenvolvendo técnicas de construção e utilizando estruturas de madeira tradicionais da região, implementando o sistema de auto-construção.
- Este sistema de construção de paredes de tendões é uma resposta às

necessidades de habitação das classes desfavorecidas e pode ser implementado em qualquer localização geográfica.

- Com esta nova tecnologia de sistemas de construção, o objetivo é cumprir os requisitos ambientais, tendo em conta, nesta perspetiva, a aplicação de novas tecnologias limpas no domínio da construção.
- É um instrumento básico que deve garantir uma qualidade de vida digna, respondendo às necessidades primárias insatisfeitas das famílias com baixos rendimentos.
- O sistema de auto-construção comunitária pode ser implementado, uma vez que não necessita de elementos pré-fabricados.
- Como se trata de um sistema de construção muito flexível, os espaços arquitectónicos da casa podem ser facilmente adaptados e modulados.
- O sistema é adaptável a qualquer área geográfica e topografia, para além de ser amigo do ambiente.
- Devido à sua versatilidade construtiva, é possível utilizar diversos materiais na estrutura da casa, seja madeira ou guadua da região.

As conclusões que se seguem são retiradas deste processo de investigação:

1. Foi demonstrada a viabilidade do sistema de construção para resolver o problema da falta de habitação nas zonas urbanas e rurais.
2. O sistema de tendões resulta numa construção de qualidade com materiais locais.
3. A partir do seu princípio filosófico, contribuiu com o conceito integrador de tecnologias apropriadas.
4. Do ponto de vista profissional e académico, o trabalho com a comunidade permite conhecer o conhecimento construtivo ancestral.
5. Em termos académicos, o conceito de arquitetura de exclusão é ultrapassado pela função criativa evolutiva da arquitetura de inclusão.
6. Filosoficamente, a aceitação social desta tecnologia é significativa, com a comunidade a classificá-la como apropriada para a sua implementação.
7. Os projectos de construção de muros de suporte em empreendimentos rurais ou urbanos devem satisfazer as necessidades físicas e sociais básicas das comunidades, de acordo com uma construção sustentável e mantendo um equilíbrio entre os ecossistemas existentes.

REFERÊNCIAS BIBLIOGRÁFICAS

Arredondo, F. (1963). Estudio de Materiales, III.-Cales. Madrid: Instituto Eduardo Torroja de la construcción y del cemento.

Bedoya Montoya, C. M. (2010). Paredes tendinosas em arquitetura e construção. Livro quatro de arquitetura (1ª ed.). Medellín: Facultad de Arquitetura, Universidad Nacional de Colombia, sede Medellín.

Bedoya Montoya, C. M. (2011). Construcción Sostenible, para volver al camino. Biblioteca Jurídica DIKË, Cátedra UNESCO em Sustentabilidade. https://issuu.com/iscucen/docs/construcci n_sostenible_para_volver

Builes Hoyos, T. e Giraldo Montoya, C. (2011). Estado da arte do guadua como material alternativo para a construção sustentável. [Tese de licenciatura. Universidad EAFIT]. https://repository.eafit.edu.co/handle/10784/5451

Cardellach, F. (1910). Filosofía de las estructuras. Barcelona: Librería de A. Bosch. https://bibliotecadigital.jcyl.es/es/catalogo_imagenes/grupo.do?path=1046581 7

Casas F. L. H. (2011). Sostenibilidad, Sistemas Constructivos, Muros Tendinosos, Seminario Biocasa - CAMACOL, Hábitat y Desarrollo Sostenible, Santiago de Cali, Colombia.

Comas, J. (1977). Introdução à pré-história geral (3ª ed.). México: Colmex Ltda.

Cruz A. J. C., Cardona G. J. C., Hernández P. D. M. (2013). Inovação em Engenharia para a Construção de Casas Eco-Sustentáveis. Seminário sobre Inovação em Pesquisa e Educação em Engenharia. Cartagena, Colômbia. https://antiguo.acofipapers.org/index.php/acofipapers/2013/paper/viewFile/15 7/59

De Roux, R., R., (1990). História da humanidade (2ª ed.). Bogotá: Estudio.

Fernández, P. D. (2016). Composição e estrutura: Reavaliação da técnica construtiva de empilhamento como estratégia de projeto na arquitetura contemporânea. Tese de doutoramento Faculdade de Arquitetura, Planeamento e Arquitetura.

Design, Universidad Nacional del Rosario, Argentina.Retrieved 16 February from 2018 From: http://www.fapyd.unr.edu.ar/wp-content/uploads/2017/09/09/tesis_fernandez_paoli.pdf.

Gaiker IK4 Research Alliance (2007). Reciclagem de materiais: perspectivas, tecnologias e oportunidades. Departamento de Inovação e Promoção Económica, Bizkaiko Foru Aldundia, Espanha.

Gama, J., Cruz, T., Pi-Puig, T., Alcalá, R., Cabadas, H., Jasso, C., et all, (2012). Arquitetura de terra: o adobe como material de construção na época pré-hispânica. Boletim da Sociedade Geológica Mexicana, 64 (2), 177-188.

García, D. A. F. (2019). Análise de uma construção com bambu e adobe. Proposta para a construção de uma escola em Quibdó (Chocó, Colômbia). Escritório do Meio

Ambiente (OMA-UDC) Vicerreitoria de Economia, Infraestruturas e Sustentabilidade,53. https://ruc.udc.es/dspace/bitstream/handle/2183/25606/Premio_UDC_sustentabilidade_TFG_TFM_I_2018.pdf?sequence=8#page=53

García León, D. F. e Velásquez Ramírez J. A. (2021). Viabilidade de paredes de tendões à base de tiras de PET e fibras de ráquis de banana. [Tese de licenciatura, Universidad de La Salle]. https://ciencia.lasalle.edu.co/ing_civil/959/

Giraldo M. S., Raigoza, V. A., C., e Sánchez Restrepo, A., (2016). Estudo de viabilidade para a construção e comercialização de habitação ecológica de interesse prioritário utilizando a técnica de parede de tendão numa zona rural de Risaralda. [Trabalho de licenciatura, Universidad Tecnológica de Pereira]. https://core.ac.uk/download/pdf/84108257.pdf

Ghoreishi, K. K. (2011). Ecomateriais e construção sustentável. Canadá: Creative Commons.

Guerrero, P. e Casas, F. L. (2002). Materiales y sistemas alternativos para la vivienda, Los muros tendinosos. Revista CITCE, Territorio, construcción y espacio. 4 (Jul/Dez), 48-55.

Hernández, N. J. (2013). A linguagem da estrutura: a parede decomposta. [Trabalho final de tese de mestrado, Universidade Ramon Llull]. https://www.recercat.cat/bitstream/handle/2072/256777/Hernandez-Navarro-MPIA.pdf?sequence=1

Hidalgo, L. G. (1978). Nuevas técnicas de construcción con bambú. Bogotá, Universidade Nacional da Colômbia. Editora, Estudios Técnicos Colombianos.

Howell, F. C. 1982. A raça humana. Revista de Occidente, Extraordinário IV (18-19), 21-42.

Instituto Sindical de Trabalho, Ambiente e Saúde (ISTAS). (2005). Guia para a construção sustentável. Ministério do Ambiente, Espanha. https://istas.net/descargas/CCConsSost.pdf

Keyser, C. (1982). Ciência dos materiais para a engenharia (1ª ed.). México: Limusa S. A.

Lamuz, F., e Andrade, S. (2015). Concreto reforzado, fundamentos (1ª ed.). Bogotá: Ecoe Ediciones Ltda.

Magaña, H. P. P. (2022). Produção de materiais ecológicos reciclados a partir de entulho de construção. Revista CITAS, Suplemento (1). Vol. 8 (En/Jun), 70-92. https://revistas.usantotomas.edu.co/index.php/citas/issue/view/691

Management Solutions (2020). Gerir os riscos associados às alterações climáticas. https://www.managementsolutions.com/sites/default/files/publicaciones/esp/g estion-risgos-cambio-climatico.pdf

Ministério do Ambiente e do Desenvolvimento Sustentável (MADS), (2022). Guía de materiales para la construcción sostenible, Dirección de Asuntos Ambientales, Sectorial y Urbana (DAASU). Bogotá D. C., Colômbia.

Mora, Ch. W. F. (2022). Determinação do deslocamento lateral em paredes de tendões sob cargas laterais, monotónicas e cíclicas. [Trabalho final de mestrado, Universidade Nacional Nacional da Colômbia]. https://repositorio.unal.edu.co/handle/unal/83329

Perdrizet, M. P. (1987). Os homens da pré-história. Bogotá: Norma S.A.

Pérez,M.A. (2014). Aplicações avançadas de materiais compósitos em engenharia civil e construção. Barcelona: 1ª edição Omnia Sciense. https://www.omniascience.com/books/index.php/monographs/catalog/view/77/301/466-1

Ramírez, Q. D. C. (2022). Técnicas de reabilitação de paredes de alvenaria. [Tese de licenciatura, Universidad Nacional Autónoma de México]. https://www.resilienciasismica.unam.mx/docs/TesisDianaRamirez.pdf

Rivas, R. I. (2009). Paredes do tendão. https://es.scribd.com/doc/214883597/3-Muros- Paredes do tendão-1.

Salazar A. J. (2012). Ecomateriais e VIS. Uma visão sustentável. https://www.colmayor.edu.co/wp-content/uploads/2019/10/5-materialesdeconstruccindebajo.pdf

Soufflot, J. G. (2012). Biografia. http://www.wikiwand.com/es/Jacques-Germain_Soufflot0

Thomas, M. A. e Supelano, P. (2002). Diseño y Tecnocultura, Alternativas Constructivas: el Caso del Sistema Tendinoso, Revista Ingeniería y Competitividad, Facultad de Ingenierías, Universidad del Valle, Colombia, 4 (1), 25-32.

Thomas M. A., Supelano, P. e Vergara, C. (2015). Tendão + Tendido = Tendinoso, Revista digital Constructivo, 106, (abril - maio), 170-178. http://constructivo.com/cn/suscriptor/pdfart/150410043301_ARTICULO104.pd f

Torres, R. J. E. (2013). Bioarquitectura: Parede tendinosa. [Blog Ingeniería en arquitetura y design ambiental].

http://ingenieroenarquitecturamedioambiental.blogspot.com/2013/01/bioarqui etctura-tendinous-wall.html

Torroja M. E. (2010). Razón y ser de los tipos estructurales (7ª ed.). Consejo Superior de Investigaciones Conselho Superior de Investigação Científica. Ediciones Doce Ruas,S. L.file:///D:/INFO%20USER%20C%20NO%20BORRAR/Downloads/Razón_and_being_of_Structural_Types_E.pdf

Valenzuela, A. (2015). Las Patentes de Hormigón Armado. Dialnet, RITA, No. 3, abril de 2015. https://dialnet.unirioja.es/descarga/articulo/5094560.pdf

Velásquez R. J. A., e García L. D. F. (2021). Viabilidade de paredes de tendões à base de tiras de PET e fibras de ráquis de banana. Recuperado de https://ciencia.lasalle.edu.co/ing_civil/959

Velázquez R. A. (2010). Transferência de tecnologia: o caso das paredes de tendões. [Tese de mestrado, Universitat Politècnica de Catalunya]. https://es.scribd.com/document/249974865/Velasquez-pdf

Vidaud, E. (2013). Construção e tecnologia no betão, Da história do cimento.2013 (novembro), 20-24.

Vitruvii P. M. (1997). De architectura, opus in libris decem (1ª ed.), traduzido do latim por Oliver D., J. Madrid: Alianza Forma S. A. https://web.seducoahuila.gob.mx/biblioweb/upload/Vitruvio_Polion_Marco.pdf

White, R., Gergely, P. e Sexsmith, R. (1980). Introdução aos conceitos de análise e projeto, Engenharia de Estruturas (Vol. 1). Limusa S. A.

Zuluaga, C. e Zuleta, A. (2016). Arquitetura sostenible, Sistema tendinoso, Revista digital. Colconstrucción, fevereiro (14-15). https://issuu.com/colconstruccion/docs/colconstruccioned3-5_imprimir

Printed by Books on Demand GmbH, Norderstedt / Germany